通信工程与自动化系列

复杂系统建模技术

王立鹏　朱齐丹　张　智　刘志林　著

哈尔滨工程大学出版社
Harbin Engineering University Press

内 容 简 介

复杂系统具有高度复杂性、不确定性和非线性特性。对复杂系统的研究是跨学科、多维度的。在当前全球化和技术迅速发展的背景下,复杂系统理论的应用和影响日益显著,其已成为解决复杂问题的重要工具,因此建立复杂系统模型并开展相应的仿真研究工作,具有重要的理论研究与实际工程意义。本书着重围绕复杂系统的建模与仿真方法开展论述,并以典型复杂系统为例介绍了具体的建模实例,详细阐述了基于机理法的复杂系统建模方法、复杂系统行为建模方法、复杂系统风险建模方法、基于数据驱动的复杂系统建模方法、复杂系统规划建模方法、复杂系统混合建模方法。

本书可作为以复杂系统为具体研究对象的专业技术人员的工具书,同时也可作为复杂系统建模专业本科生、研究生的理论与实践教材。

图书在版编目(CIP)数据

复杂系统建模技术 / 王立鹏等著. -- 哈尔滨 : 哈尔滨工程大学出版社, 2024. 7. -- ISBN 978-7-5661-4607-6

Ⅰ. N945.12

中国国家版本馆 CIP 数据核字第 20241Z9833 号

复杂系统建模技术
FUZA XITONG JIANMO JISHU

选题策划　唐欢欢
责任编辑　唐欢欢
封面设计　李海波

出版发行　哈尔滨工程大学出版社
社　　址　哈尔滨市南岗区南通大街 145 号
邮政编码　150001
发行电话　0451-82519328
传　　真　0451-82519699
经　　销　新华书店
印　　刷　哈尔滨市海德利商务印刷有限公司
开　　本　787 mm×1 092 mm　1/16
印　　张　10.75
字　　数　285 千字
版　　次　2024 年 7 月第 1 版
印　　次　2024 年 7 月第 1 次印刷
书　　号　ISBN 978-7-5661-4607-6
定　　价　59.00 元

http://www.hrbeupress.com
E-mail:heupress@ hrbeu.edu.cn

前　言

2021年诺贝尔物理学奖揭晓,三位科学家因其对复杂系统研究的贡献而获奖。复杂系统是由许多相互作用、相互关联的部分组成的系统,这些组成部分可以是物理系统、生物系统、社会系统、信息系统等,复杂系统中每个组成部分的行为和性质都可能影响到其他部分的行为和性质,因此整个系统呈现出一种复杂的、难以预测和理解的行为。复杂系统建模的应用非常广泛,包括生态学、气候模拟、社会网络分析、交通规划、金融风险评估等领域,可以为理解和解决复杂系统问题提供一种科学的、系统化的方法。

在对复杂系统研究的过程中,复杂系统建模通过分析这些系统的各个组成部分之间的关联以及其行为和性能之间的相互作用,可以洞察得更深入,并帮助做出更明智的决策。复杂系统建模旨在将复杂的现实系统抽象为更简单、可计算的数学模型或计算机程序,通过建立模型,可以对系统的行为和性能进行定量分析、预测和优化。这里的复杂系统模型不仅指数学机理模型,其广义概念包括控制模型、规划模型、任务执行模型等,比传统的模型范围更大。

在我国,自新中国成立以来,无数科学家从事着与复杂系统有关的研究工作,尤其在对复杂系统具体研究对象的实体开展设计、研制、试验之前,必须对复杂系统开展建模工作,例如导弹模型、卫星模型、火箭模型、潜艇模型、舰载机模型、航母模型等。这些科学家在研究过程中奉献了自己的青春,为中国的各复杂系统领域做出了巨大的贡献,本书中也会以思政案例加以体现。

本书一方面介绍复杂系统建模的常用方法,另一方面针对具体的研究对象介绍复杂系统建模实例,通过理论介绍和工程案例结合的方式增加本书的可读性,以便于读者对复杂系统建模的深入理解和掌握。本书以作者多年的研究成果为基础,共分为7章,其中第1章绪论,介绍本书的研究背景以及复杂系统建模常用方法研究现状;第2章介绍基于机理法的复杂系统建模技术与实例;第3章介绍复杂系统行为建模技术与实例;第4章介绍复杂系统风险建模技术与实例;第5章介绍基于数据驱动的复杂系统建模技术与实例;第6章介绍复杂系统规划建模技术与实例;第7章介绍复杂系统混合建模技术与实例。

本书的研究工作得到了国家自然科学基金(62173103)、黑龙江省自然科学基金资助项目(LH2024F037)、中央高校基本科研业务费专项资金(3072024XX0403)、黑龙江省教育科学规划重点课题(GJB1423059)、黑龙江省研究生课程思政建设项目(课程思政案例库)、哈尔滨工程大学智能科学与工程学院研究生高水平核心课程"数字信号处理及应用"等资助,在此表示特别感谢。

本书承蒙下列人员的仔细审查：孟浩、杨震、吕晓龙、王立辉、齐尧、王小晨、赵鑫、黄俊君。同时，徐秋、闻子侠、姜星伟、李伟、刘梦杰、杨志勇等人为本书提供了部分素材，在此一并表示感谢。

本书在复杂系统建模与仿真方面取得了一定的研究成果，可作为从事复杂系统具体研究对象的专业技术人员的工具书，同时也可作为复杂系统建模方向本科生、研究生的理论与实践教材，我们希望本书的相关内容能为复杂系统领域的研究工作做出贡献。

著　者

2024 年 6 月

目　　录

第1章 绪 论

1.1 研究背景及意义

复杂系统是由多个不同组成部分相互作用而形成的系统,这些部分的行为不仅取决于它们自身的特性,还取决于它们之间的相互作用和整体系统的环境,如经济、生态和环境等,复杂系统具有高度复杂性、不确定性和非线性特性,很难用传统的方法进行分析预测。同时,现实世界中复杂系统数量极其庞大,复杂系统的研究是跨学科、多维度的,对于推动科学技术的进步、社会的可持续发展以及人类对世界的深入理解都具有重要的理论和实践价值。在当前全球化和技术迅速发展的背景下,复杂系统理论的应用日益广泛,影响日益显著,成为解决复杂问题的重要工具,因此建立复杂系统模型并开展相应的仿真研究工作具有重要的意义。

复杂系统建模是指将复杂系统抽象成数学模型和计算模型,以便对其行为和性能进行分析和仿真的过程。复杂系统建模的含义有以下几个方面:

(1)系统抽象:复杂系统通常由许多互相关联的组成部分和关系网络组成,以简化问题并使其易于处理;

(2)关系建立:在复杂系统中,组成部分之间存在着复杂的关系和相互作用,包括输入输出关系、相互影响关系等,这些关系可以通过数学方程、图论、网络模型等方式表示;

(3)行为分析:通过数学分析或计算机仿真来研究系统的行为,通过观察模型的输出结果和变化,了解系统在不同条件下的行为规律、稳定性、敏感性等,进而预测和评估系统的性能;

(4)优化决策:通过建模和分析,可以对系统进行优化,根据模型的结果,可以提出改进措施、调整参数、变换策略等,以达到系统的优化目标。

由于复杂系统的复杂性和不可预测性,研究复杂系统需要运用多学科的知识和多种方法进行模拟及分析,如数学模型、计算机模拟、网络分析等,常见的模型有系统动力学模型、代理基模型、结构方程模型、神经网络模型、复杂网络模型、贝叶斯网络模型等,构建这些模型的方法各有特点,在不同领域和问题背景下有各自的应用,选择的建模方法取决于问题的复杂性、可用数据和研究目标等因素。

这里需要注意,复杂系统建模绝不是仅指构建数学模型,而是在构建模型后利用模型开展分析、优化、决策、控制,即研究复杂系统的意义在于:深入理解复杂系统的本质和机制,为决策和行动提供科学依据,带来重要的社会、经济及其他效益。

1.2　系统与复杂系统

1.2.1　系统概念与研究方法

一般系统论创始人贝塔朗菲定义：系统是相互联系、相互作用的诸元素的综合体。该定义强调元素间的相互作用以及系统对元素的整合作用。后续也有其他定义：系统是由一些相互联系、相互制约的若干组成部分（组分/主体/元素），按照某些规律结合而成，具有特定功能的一个有机整体。从广义上讲，在自然界和人类社会中，凡具有特定功能、按照某些规律结合起来相互关联、相互制约、相互作用、相互依存的事物总体，均可称为系统。

构成系统的四要素：

（1）实体：存在于系统中的每一项确定的物体，是系统的具体对象。

（2）属性：实体所具有的每一项有效的特征，是描述实体特性的信息，常以状态和参数表征，也称为描述变量。

（3）活动：在系统内部发生的变化过程，即随时间推移发生的状态变化。

（4）环境：系统所处的界面状况，包括那些影响系统而不受系统直接控制的全部因素。

系统的分类：

（1）按照自然属性分：人工系统、自然系统。

（2）按照物质属性分：实物系统、概念系统。

（3）按照运动属性分：静止系统、动态系统。

（4）按照状态对时间的连续性分：连续系统、离散时间系统、混合系统。

（5）按照参数性质和状态特点分：集中参数系统/分布参数系统、确定型系统/随机系统、线性系统/非线性系统。

（6）按照对系统的认知和研究现状分：白盒系统、灰盒系统、黑盒系统。

（7）按照结构和关联的复杂程度分：简单系统、复杂系统。

（8）按照系统规模分：中小系统、大系统、巨系统。

简单大系统可用控制论的方法；简单巨系统可用统计物理的方法，这些方法基本上属于还原论的范畴；开放的复杂巨系统不能用还原论的方法和由其派生的方法，只能采用本体论的方法。

1. 控制论

控制论是关于在动物和机器中控制与通信的科学。1948 年维纳的著作《控制论》出版，成为控制论诞生的一个标志。一切通信和控制系统都包含信息传输和信息处理过程的共同特点；该特点确认了信息和反馈在控制论中的基础性，控制论指出一个通信系统总能根据人们的需要传输各种不同的思想内容的信息，一个自动控制系统必须根据周围环境的变化自行调整自己的运动。控制论的建立是 20 世纪的伟大科学成就之一，现代社会的许多新概念和新技术几乎都与控制论有着密切关系。控制论的应用范围覆盖了工程、生物、经济、社会、人口等领域，使其成为研究各类系统中共同的控制规律的一门科学。

2. 还原论

还原论是一种哲学思想、一种观念,认为某一给定实体是由更为简单或更为基础的实体所构成的集合或组合;或认为这些实体的表述可依据更为基础的实体的表述来定义。还原论的思想可追溯久远,但"还原论"一词来自1951年美国逻辑哲学家蒯因的《经验论的两个教条》一文。还原论方法是经典科学方法的内核,它将高层的、复杂的对象分解为较低层的、简单的对象来处理;指出世界的本质在于简单性。

3. 本体论

从广义上说,本体论指一切实在的最终本性,这种本性需要通过认识论而得到认识,因而研究一切实在的最终本性为本体论,研究如何认识则为认识论,这是以本体论与认识论相对称;从狭义上说,广义的本体论中又有宇宙的起源与结构的研究和宇宙本性的研究之分,前者为宇宙论,后者为本体论,这是以本体论与宇宙论相对称。本体论是探究世界的本源或基质的哲学理论。"本体论"一词是17世纪的德国哲学家戈科列尼乌斯首先使用的。

1.2.2 复杂性和复杂系统

自然界和人类社会不断走向复杂化,比如对于自然界,人们不再那么关注春夏秋冬、寒来暑往,而是更关心亚马孙雨林的水土流失对全球气候的影响、南极冰川融化的深层次原因等,对于以上复杂性问题的研究更具有实际意义。

对复杂性的常见解释如下:复杂性是决定复杂系统本质特征的诸多因素和组分之间的相互作用而产生的一系列复杂、多样性现象及特性。复杂性出现在混沌的边缘,介于随机和有序之间。复杂性寓于系统之中,是开放的复杂巨系统的动力学特性。复杂系统演化过程中和环境交互作用,将呈现出复杂的动态行为特性和实现的整体特性,这些特性具有变幻莫测和意想不到的特点,因此难以应用已有系统特性描述理论来解释和确定。复杂性问题不能用传统还原论方法来分析、处理和研究。

复杂系统是具有相当多并基于局部信息作出行动的智能性、自适应性主体的系统,包括如下几个部分:由相当多具有智能性、自适应性主体构成的大系统;系统中没有中央控制系统;内部存在着许多复杂性,并具有巨大变化性。

复杂系统的特点:

(1)非线性:本质是事物之间的相互作用,不是简单的影响,而是相互影响、相互制约、相互依存的。非线性是复杂性之源。

(2)多样性:一方面是系统各组成因素之间的相互作用,另一方面是各组成因素与环境之间的相互作用,相互作用多样性导致系统行为多样性。

(3)多层性:多个层次之间一般不存在叠加原理,每形成一个新层次,就会涌现出新的性质。

(4)涌现性:整体具有而部分不具有的特性,部分特性累加得到的特性不是涌现性。

(5)不可逆性:经典物理具有可逆性,复杂系统具有不可逆性。

(6)自适应性:进化特性,系统的组分、规模、结构随时间朝有利于自身存在的方向自我调整。

(7)自组织临界性:复杂系统在远离平衡的临界态上,并不像通常一样遵循一种平缓的、渐进的演化方式,而是以阵发的、混沌的、类似雪崩式的方式演化,如地震、海啸、社会变革、经济危机。

(8)自相似性:既可以指不同层次结构,也可以指系统形态、功能和信息三个方面。在自然界、生物系统、生态系统、社会经济、科学和人文艺术等领域都存在不同层次的自相似性。

(9)开放性:系统与环境有物质、能量和信息的交换,使系统的组分之间以及系统与环境之间相互作用,并能不断向更好地适应环境的方向发展变化。

其中,涌现性和非线性是复杂系统最本质的特点,分别如图1-1和图1-2所示。

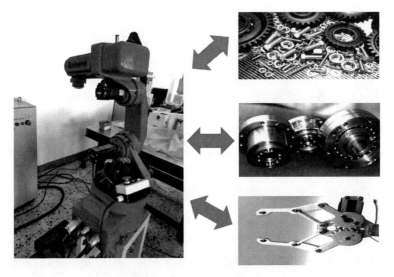

图1-1 复杂系统的涌现性

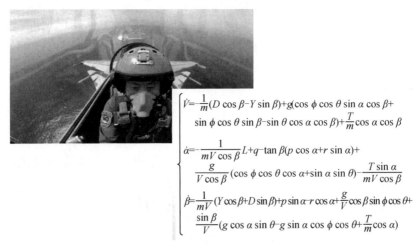

$$\begin{cases} \dot{V}=\frac{1}{m}(D\cos\beta-Y\sin\beta)+g(\cos\phi\cos\theta\sin\alpha\cos\beta+ \\ \quad \sin\phi\cos\theta\sin\beta-\sin\theta\cos\alpha\cos\beta)+\frac{T}{m}\cos\alpha\cos\beta \\ \dot{\alpha}=-\frac{1}{mV\cos\beta}L+q-\tan\beta(p\cos\alpha+r\sin\alpha)+ \\ \quad \frac{g}{V\cos\beta}(\cos\phi\cos\theta\cos\alpha+\sin\alpha\sin\theta)-\frac{T\sin\alpha}{mV\cos\beta} \\ \dot{\beta}=\frac{1}{mV}(Y\cos\beta+D\sin\beta)+p\sin\alpha-r\cos\alpha+\frac{g}{V}\cos\beta\sin\phi\cos\theta+ \\ \quad \frac{\sin\beta}{V}(g\cos\alpha\sin\theta-g\sin\alpha\cos\phi\cos\theta+\frac{T}{m}\cos\alpha) \end{cases}$$

图1-2 复杂系统的非线性

1.3 模型与系统建模

1.3.1 模型的概念与分类

模型是科技工作者最常谈论的重要科学术语之一。系统建模或者复杂系统建模来源于科学试验。科学试验是人们改造自然和认识社会的基本活动与主要手段。科学试验有两种途径,一种是在实际系统进行试验,即实物试验或物理试验,另一种是利用模型完成试验,即模型研究或系统仿真。考虑到有些不宜(如不安全、有毒等)或者不能(如系统过于复杂)在实际系统中进行试验,以及希望在实际系统之前或能够对实际系统未来预测出系统性能,此时利用模型来开展科学试验就尤为重要。在系统仿真中,被研究的实际系统或未来的想定系统叫作原型,而原型的有效替身则称为模型。

模型可以更为严谨地定义一个系统(实体、现象、过程)的物理的、数学的或其他逻辑的表现形式。因此,模型可以用来分析问题的概念、数学关系、逻辑关系和算法序列的表示体系。

有效模型必须能够反映原型的主要表征、特性及功能,并具有如下基本性质:

(1)普遍性:一个模型可能与多个系统具有相似性,即一种模型通常可以描述多个相似系统。

(2)相对精确性:模型的近似度和精度都不可超出应有限度和许可条件,这是因为过于粗糙的模型将失去原型的过多信息和特性,而变得无用;太精确的模型则往往相当复杂而导致研究困难,甚至终不得其解。因此,模型应具有考虑诸多条件折中下的精确性。

(3)可信性:模型必须经过校核、验证和确认,即进行所谓的 VV&A(verification, validation and accreditation)活动使之具有满意的可信度。

(4)异构性:对于同一个系统,模型可以具有不同的形式和结构,即模型不是唯一的。

(5)通过性:即模型可视为"黑盒系统",通常能够利用输入/输出试验数据辨识出它的结构和参数。

通常用系统模型来指导对系统的研究。系统模型是对实际系统的一种抽象,是系统本质的表述,是人们对客观世界反复认识、分析,经过多级转换、整合等相似过程而形成的最终结果,它具有与系统相似的数学描述或物理属性,以各种可用的形式给出被研究系统的信息。

系统模型可按如图 1.3 所示分类:

如图 1.3 所示,虽然系统模型分类较为丰富,但其中的数学模型是最为重要的分类之一,其用以描述系统内、外部各变量间相互关系的数学表达式,确定系统的模型形式、结构和参数,以获得正确反映系统表征、特征和功能的最简数学表达式。

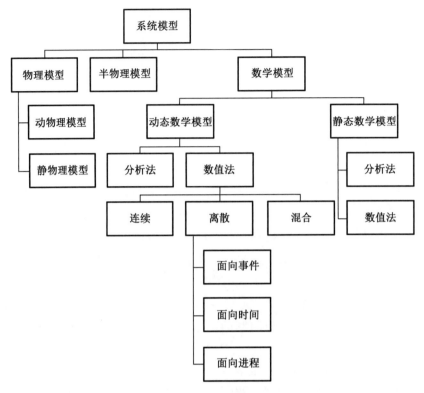

图 1-3 系统模型分类

常见的数学模型如下:

(1)常微分方程:

$$\begin{cases} \dot{x} = Ax + Bu \\ \dot{y} = Cx + Du \end{cases} \tag{1-1}$$

(2)偏微分方程:

$$\frac{\partial^2 T}{\partial x^2} + \frac{\partial^2 T}{\partial y^2} = \frac{q}{k} \tag{1-2}$$

(3)差分方程:

$$y_k - y_0 = -\alpha(x_k - x_0) \tag{1-3}$$

(4)传递函数:

$$G(s) = \frac{Y(s)}{U(s)} \tag{1-4}$$

(5)Z 传递函数:

$$G(z) = \sum_{k=0}^{\infty} g(kT) z^{-k} \tag{1-5}$$

1.3.2 系统建模

建模是为了理解事物而对事物做出的一种抽象,是对事物的一种无歧义的书面描述,凡是用模型描述系统的因果关系或相互关系的过程都属于建模。

系统建模基本原则：

(1)清晰：系统模型是由许多分系统、子系统模型构成的，在模型与模型间，除了研究目的需要的信息外，相互耦合要尽量少，使结构尽可能清晰。

(2)切题：模型应只包括与研究目的有关的信息，而不是所有方面的信息。

(3)精确：在建模时，应考虑所收集到的用以建立模型的信息的精确程度，要根据所研究问题的性质和所要解决的问题来确定对精确程度的要求；对于不同的工程，精度要求是不一样的，即使对于同一工程，由于研究的问题不同，精度要求也是不一样的。

(4)集合：把一些个别的实体组成更大实体的程度，对于一个系统实体的分割，在可能时应尽量合并为大的实体。

系统建模的一般途径：

(1)内部结构和特性清楚的系统：即所谓的白箱(多数的工程系统)，可以利用已知的一些基本规律，经过分析和演绎导出系统模型。

(2)内部结构和特性不清楚或不很清楚的系统：即所谓的灰盒系统和黑盒系统，如果允许直接进行试验性观测，则可假设模型并通过试验验证和修正。

(3)属于黑盒系统但又不允许直接试验观测的系统(非工程系统多属于这一类)：采用数据收集和统计归纳的方法来假设模型。

模型的有效性是数学建模中最重要、最困难的问题之一。模型的有效性是指以对模型所做的预测精度为基准，反映实际系统数据与模型数据之间的一致性，理论上讲，即实际系统与模型的输入-输出一致。模型的有效性水平根据获取的困难程度可以有强度轻重之分，一般分为三级：

(1)复制有效：模型产生的数据与实际系统所取得的数据相匹配，属于模型有效性的最低水平；

(2)预测有效：从实际系统取得数据之前就能够至少看出匹配数据，属于有效性稍强水平；

(3)结构有效：不仅能够复制实际系统行为，而且能够真实反映实际系统产生此行为的操作/状态，属于更强的有效性水平，可看出实际系统的内部工作情况。

综上所述，考虑模型的有效性水平，要在建模和模型使用时重点考虑以下几个方面：

(1)先验的知识可信性：建模前提的正确性，数学描述的有效性取决于先验知识的可信性。

(2)试验数据的可信性：所选择的数据段可以反映系统行为特征，以及模型数据与实际系统数据的偏离程度。

(3)模型应用的可信性：从实际出发，考虑模型运行能否达到预期目标。

1.4 复杂系统建模研究现状

鉴于复杂系统的特点和未来发展趋势，对复杂系统的具体研究方法也多种多样，例如还原论与整体论相结合，突破还原论，超越还原论；定量描述与定性描述相结合，即定性判断和定量计算;局部描述与整体描述相结合,即微观分析和宏观综合;确定性描述与不确定性描述相结合;系统分析与系统综合相结合;计算机模拟与专家智能相结合;科学理论与艺术直觉相结合等。对于开放的复杂巨系统,对象复杂,方法更为复杂。但是每个具体的复杂系统都具有其特性,每个复杂系统也有适合自身的建模方法,将所有复杂系统的建模方法加以描述是不可能的,本书将列举常见的复杂系统建模方法,并以实际工程案例加以解释,为此这里将描述本书涉及的复杂系统建模方法的研究现状。

1.4.1 基于系统机理的建模方法

机理模型是指根据对象、生产过程的内部机制或者物质流的传递机理建立起来的精确数学模型,是基于质量平衡方程、能量平衡方程、动量平衡方程、相平衡方程以及某些物性方程、化学反应定律、电路基本定律等而获得对象或过程的数学模型。机理模型的优点是参数具有非常明确的物理意义。机理模型的不足在于万物过于复杂,人类掌握的规律是有限的,而且经常是经过理想化和简化的,并不能完全与实物吻合,有时候甚至相距甚远。

用机理法建模的主要流程:针对实际问题了解问题背景,分析问题并明确相关因素和参数——分析其内在关系,用适当数学方法建立关联模型,选用实际数据求解模型,用结果解释实际问题,用实际数据校验模型。常见的机理建模方法主要有如下几种:

1. 类比分析法

类比分析法是根据一些物理定律、数学原理等,建立不同事物之间的类比关系,进而建立问题的数学模型。

2. 量纲分析法

量纲分析法是通过分析问题相关物理量的量纲,根据量纲一致性原则来建立各物理量之间的关系。

3. 几何分析法

几何分析法针对实际问题,利用平面几何、立体几何、解析几何的原理等来建立模型。

4. 逻辑分析法

逻辑分析法依据问题的客观条件和实际情况,利用逻辑推理和逻辑运算来建立模型。

5. 比较分析法

对照各个事物确定事物间的共同点和差异点,通过文字描述、图表等方式对事物特征进行分析,进而建立模型。

6. 推理分析法

推理分析法在掌握一定的已知事实、数据信息或者因素相关性的基础上,通过因果关系或其他相关关系,逐步地推论得出新结论,进而建立模型。

1.4.2 行为建模方法研究现状

在复杂系统中,个体的行为会影响整个复杂系统,因此行为建模是非常重要的环节。在复杂仿真系统中,行为建模可以理解为对个体的行为进行描述。

复杂系统行为基本概念包括三个要素:行为、个体和环境。行为是指个体在不同环境下采取的动作表现,如运动、通信、合作等;个体是行为的载体,从环境中获取信息和能量,同时将信息和能量释放到环境中;环境是个体生存的基础和行为发生的场所,环境的改变会影响个体行为及其演化。目前复杂系统行为建模方法的研究涉及以下几个方面:

1. 强化学习

强化学习是一种通过代理与环境进行交互,通过尝试和错误来寻找最优行为策略的机器学习方法,常用于建立复杂系统中的决策过程和行为规律,例如自主智能体在复杂环境中的学习和决策。

2. 深度学习

深度学习是一种基于神经网络的机器学习方法,通过多层网络结构和大规模数据集的训练,来提取高级特征以及模型中参数的非线性关系,常用于复杂系统行为的预测、分类和生成等任务。

3. 演化计算

演化计算是一类基于生物进化原理的优化方法,通过模拟自然选择和遗传机制来搜索及优化复杂系统的解空间,常用于建模系统的适应性和优化行为。

4. 混合建模方法

混合建模方法将多种建模技术和方法结合起来,以充分利用不同方法的优点和特性,例如将系统动力学模型与代理基模型相结合,实现同时考虑系统的宏观演化和微观交互的目标。

5. 多代理系统

多代理系统研究通过建模系统中多个智能体的交互和协同行为,揭示复杂系统整体行为的规律,常应用于城市交通和系统网络等领域的建模和仿真。

6. 复杂网络模型

复杂网络模型不仅可以用于描述系统的结构,还可以用于研究网络中节点之间的动态行为和信息传播,重点研究节点的状态演化和网络拓扑的变化对系统行为的影响。

复杂系统行为建模方法往往需要结合机器学习、优化算法、网络科学等多个学科领域的研究成果,旨在构建更准确、更可解释的复杂系统行为模型。随着技术的不断发展,这些方法将继续在理论和实际应用中得到拓展和应用。

1.4.3 风险建模方法研究现状

复杂系统风险是指在未来某一时刻发生某一不确定的事件对复杂系统造成的损失或危害的可能性,一般由两个要素组成:概率和影响。从宏观上来看,复杂系统风险建模包括定量评估和定性评估,定量评估是通过度量风险可能性和影响的大小来估计风险的严重性,定性评估是通过描述风险的本质和程度,来估计风险的严重性。常用的复杂系统风险建模技术如下:

1. 系统动力学模型

系统动力学模型是一种用于描述和分析系统内各个部分之间相互作用、反馈和延迟效应的建模方法,模拟复杂系统中各种变量的动态变化,揭示潜在的风险传播路径和影响。

2. 代理人模型

代理人模型是一种基于个体行为和相互作用的建模方法。在代理人模型中,系统中的各个个体被建模为独立的决策实体,根据一定的规则和策略进行决策和交互,通过模拟个体的行为,可以揭示系统整体行为的特征和风险。

3. 网络分析

网络分析是一种通过表示和分析系统中的关系网络来研究系统结构和行为的方法。在复杂系统中,各种组成部分和元素之间的相互关系对于理解风险传播和影响至关重要,通过网络分析揭示系统中的关键节点和路径,帮助识别潜在的风险来源和传播机制。

4. 模糊逻辑

模糊逻辑是一种处理不确定性和模糊性的数学方法。在复杂系统中,风险往往伴随着不确定性和模糊性,传统的二值逻辑可能无法准确描述和评估风险,模糊逻辑通过引入模糊集合和模糊推理,可以更好地处理复杂系统中的不确定性、模糊性和风险评估。

5. 故障模式和效应分析法

故障模式和效应分析法是一种常用的系统性风险管理工具,用于预测和评估产品或过程中的故障模式及其对可靠性和安全性的影响,通过识别和分析潜在故障模式来预测其影响,并提出相应的措施进行改进。

6. 事件树分析法

事件树分析法是安全系统工程中重要的分析方法之一,建立在概率论和运筹学基础上,在运筹学中用于对不确定的问题做决策,又称为决策树分析法。事故树分析法是一种时序逻辑的分析方法,按照事故的发展顺序分成阶段,每一步分析都考虑成功和失败两种结果,直到最终用水平树状图表示其可能的结果。

7. 故障树分析法

故障树分析法是由上往下的演绎式失效分析法,利用布尔逻辑组合低阶事件,分析系统中不希望出现的状态。故障树分析主要用在安全工程以及可靠度工程领域,用来了解系统失效的原因,并且找到最好的方式降低风险,或是确认某一安全事故或特定系统失效的发生率。

8. 贝叶斯网络模型

贝叶斯网络模型是一种基于概率和统计的图模型,用于描述变量之间的依赖关系和推理过程,通过构建节点和边的有向无环图来表示变量之间的条件概率关系。

除了上述技术,还有其他一些技术如决策树分析、蒙特卡洛模拟等,也可以用于复杂系统风险建模,这些技术可以相互结合和应用,可以根据具体的问题和系统特点选择适合的方法。

1.4.4　基于数据驱动的建模方法研究现状

基于数据驱动的复杂系统建模依赖于对观测数据的描述和对复杂系统行为及特性的理解。与传统模型假设和先验知识导向的建模方法不同,基于数据驱动的建模更加注重从实际观测中学习模型的结构和参数,以预测和解释系统的行为。在基于数据驱动的复杂系统建模中,常用的方法包括:

1. 统计模型

统计模型是基于概率和统计理论的建模方法,通过拟合观测数据来估计模型参数,并从中推断系统的行为。常见的统计模型包括线性回归模型、逻辑回归模型、混合模型等。

2. 机器学习

机器学习方法通过学习特征和模式,自动构建模型以实现预测、分类、聚类等任务。常见的机器学习方法包括决策树、支持向量机、随机森林、神经网络方法等。

3. 深度学习

深度学习是机器学习的一个分支,通过构建深层神经网络,来自动学习和提取高级特征。深度学习方法在图像识别、自然语言处理等领域取得了显著的成就。

4. 非参数模型

非参数模型是一种不依赖于特定模型形式的建模方法,可以灵活地适应不同的数据分布和复杂的系统行为。常见的非参数模型包括核密度估计、高斯过程回归、贝叶斯非参数模型等。

5. 时间序列分析

时间序列分析是一种用于建模时间相关数据的方法,可以揭示时间序列的趋势、季节性和周期性等特征。常见的时间序列模型包括自回归移动平均模型(autoregressive moving average,ARMA)、自回归积分移动平均模型(autoregressive integrated moving average,ARIMA)等。

基于数据驱动的复杂系统建模通常收集与系统行为相关的实际观测数据,包括时间序列数据、传感器数据等,对收集的数据进行初筛、归一化、去噪等预处理操作,以提高数据质量和可用性;从原始数据中选择最相关的特征,以描述系统行为和预测目标变量;使用选定的建模方法和数据集,对模型进行训练和参数估计,以获得最佳的模型拟合效果;通过交叉验证、均方误差等指标,评估模型的预测性能和泛化能力;将已训练的模型应用于实际问题,执行预测、优化、决策等任务。

1.4.5 规划建模方法研究现状

建模指的是将有限的资源和约束条件与多个任务需求和目标进行有效的匹配和调度。复杂系统规划建模是指通过建立模型来描述和优化复杂系统中的任务规划过程,帮助系统设计者和决策者理解和优化系统的任务规划过程,以此提高系统的效率和性能。在复杂系统任务规划建模中常用的方法包括:

1. 线性规划

线性规划通过线性目标函数和线性约束条件,寻找最优的决策变量值,常用于资源分配和任务调度优化,以最大化系统的整体效益。

2. 整数规划

整数规划是线性规划的扩展,其中决策变量限制为整数,常用于解决某些问题中的离散性要求,如人员的分配和任务的排序。

3. 动态规划

动态规划是通过将原问题分解为一系列子问题并保存子问题的最优解来解决优化问题的方法,常用于解决具有重叠子问题的优化问题,以获得整体最优解。

4. 启发式算法

启发式算法是基于经验或启发性思想的优化方法,用于在大规模的任务规划问题中寻求近似最优解,常见的启发式算法包括遗传算法、模拟退火算法、禁忌搜索算法等。

5. 人工智能算法

人工智能算法,如遗传算法、粒子群优化等,可以在任务规划中模拟和优化群体行为,以求得系统最优的任务分配和优先级设定。

6. 面向约束优化

面向约束优化方法是将任务规划问题建模为一个约束满足的优化问题,通过定义变量、目标函数和约束来寻找最优解,常用于处理多种类型的约束条件,如资源约束、时间约束、技能约束等。

复杂系统规划建模一般首先明确系统中的任务需求,包括任务的属性、关联关系和约束条件;其次,根据任务和资源的特性,将任务规划问题抽象为一个数学模型;再次,选择合适的优化方法和技术,建立目标函数和约束条件,以及决策变量的定义;最后,通过选择适当的优化算法,求解任务规划问题,以获得最优的任务分配方案和优先级设定。可采用数值计算软件或程序库进行模型求解,评估求解结果的有效性和可行性;通过指标和对比分析,判断所得方案的质量和性能;根据实际情况和需求,对建立的模型进行调整和优化,以提高建模精度和效果;通过与实际任务规划结果的对比验证,保证模型的有效性。

路径规划是最为典型和常见的规划建模类型,这里简单介绍一下路径规划算法,其是一系列用于在特定环境中为移动体找到从起始点到目标点的最优或可行路径的算法,该算法在多个领域中都有广泛应用,包括无人驾驶、物流运输和航空航天等。根据算法的特点和应用场景,路径规划算法主要分为三大类:基于栅格地图的路径规划算法、基于随机采样的路径规划算法和智能路径规划算法。

基于栅格地图的路径规划算法首先将机器人的运行环境划分为一系列离散的栅格,每个栅格都具有特定的属性,如可行、不可行或具有不同的代价值。这些属性通常基于环境信息(如障碍物、地形等)进行设定。基于栅格地图的路径规划算法的核心思想是,在栅格地图上搜索从起始点到目标点的最优或可行路径。为此,该算法需要解决两个主要问题:一是如何表示和处理栅格地图,二是如何在地图上搜索路径。在栅格地图的表示和处理方面,通常使用二维数组或矩阵来表示栅格地图。每个数组元素或矩阵单元对应一个栅格,包含该栅格的属性信息。此外,还可以使用颜色或其他视觉元素对栅格地图进行可视化,以便更好地理解和呈现环境信息。

在路径搜索方面,基于栅格地图的路径规划算法通常采用搜索算法来寻找最优或可行路径。这些算法根据特定的搜索策略和准则,在栅格地图上逐步搜索并扩展路径,直到找到从起始点到目标点的最优或可行路径。基于栅格地图的路径规划算法的优点包括简单直观、易于实现、适用于结构化环境等。然而,随着环境复杂度的增加,栅格的数量和计算量会急剧增长,可能导致算法效率降低。因此,在实际应用中,需要根据具体场景和需求选择合适的算法,并进行相应的优化和改进。

基于随机采样的路径规划算法是一种适用于高维度和复杂环境的路径规划方法。其基本思想是通过在状态空间中随机取采样点,逐步构建一个连通图,进而在这个图上寻找从起始点到目标点的最优或可行路径。这种方法巧妙地避免了显式地对整个状态空间进行建模,从而显著降低了计算复杂度,使得算法更加高效和实用。在众多基于随机采样的路径规划算法中,概率路图(probabilistic road map,PRM)算法和快速随机扩展树(rapidly-exploring random tree,RRT)算法等是其中的佼佼者。PRM 算法通过随机采样生成路径网络图,将连续状态空间转化为离散图结构,进而在图上寻找路径。而 RRT 算法则从起始点出发,逐步扩展随机树,直至触及目标点或接近目标区域。这些算法各具特色,但都能够在复杂环境中快速找到可行路径。值得一提的是,基于随机采样的路径规划算法不仅适用于高维度空间,还展现出强大的灵活性和适应性。它们通过随机采样和连通图构建,有效降低了计算复杂度,同时能够在搜索过程中逐步优化路径,使得最终找到的路径更加接近最优解。这种特点使得这类算法在实际应用中表现出色,成为机器人路径规划领域不可或缺的重要方法。

智能路径规划算法的核心优势在于其数据驱动的特性,无须对环境进行烦琐的显式建模。这种特性使得算法能够轻松应对高维度、非线性、非凸等复杂优化问题,同时保持对不确定性和动态环境的稳健性。因此在实际应用中,需要根据具体场景和需求来选择合适的算法,并对其进行相应的优化和改进,以实现最佳的路径规划效果。智能路径规划算法以其强大的自适应能力和优化能力,在复杂动态环境的路径规划中展现出了巨大的潜力和应用价值。常见的智能路径规划算法,如 DDPG 可以用来学习如何在动态变化的环境中做出连续的动作决策;Bi-RNN 可以学习历史交通模式,帮助 A * 算法更准确地预测未来路况,优化行驶路线。

1.4.6 机器人地图建模方法研究现状

机器人地图建模是机器人领域中一个非常重要的研究方向,它涉及机器人在未知或部分未知环境中通过传感器数据构建地图的过程。机器人地图建模常用方法如下所述。

1. 激光雷达 SLAM(simultaneous localization and mapping,同步定位与建图)

激光雷达是一种常用的传感器,提供高精度的环境测量数据。SLAM 算法通过机器人携带的激光雷达传感器不断地扫描周围环境,同时利用运动模型和地图信息,实现机器人在运动过程中的定位和地图构建。

2. 视觉 SLAM

视觉 SLAM 利用机器人搭载的视觉传感器(主要是可见光或红外摄像头)来获取环境信息,通过对连续图像序列进行特征提取、匹配和三维重建,实现机器人的定位和地图构建。视觉 SLAM 具有成本低、易于部署等优点,但对环境光照、纹理等因素较为敏感。

3. RGB-D SLAM

RGB-D SLAM 结合了彩色图像和深度信息,例如 Microsoft Kinect 等传感器提供的 RGB 图像和深度图像,可以实现对环境更准确的建模和定位。

4. 基于图的 SLAM

基于图的 SLAM 将地图表示为图的形式,节点表示机器人位置,边表示机器人位置之间的连接关系,可以通过最小化机器人轨迹与传感器观测之间的误差来提高地图的精度和一致性。

5. 半监督学习 SLAM

半监督学习 SLAM 结合了传统 SLAM 技术和深度学习技术,利用深度学习模型对地图数据进行特征学习和表示,提高了在复杂环境下的地图构建和定位的性能。

6. 增量式地图建模

增量式地图建模允许机器人在不断移动的过程中动态地更新地图,避免了传统全局地图构建的计算复杂性和存储需求。

7. 分布式 SLAM

分布式 SLAM 利用多个机器人协作进行地图构建和定位,每个机器人通过通信和协作共享信息,实现对大型环境的建模和定位。

在稠密点云建图方面,ORB-SLAM 是基于特征点法的单目 SLAM 算法,利用 ORB 特征进行计算,但创建的地图为稀疏地图。LSD-SLAM 算法将直接法应用到半稠密单目 SLAM 中,重建半稠密点云地图,较好地反映场景高纹理特征,但是该算法在相机快速运动时跟踪精度低。DVO-SLAM 是基于直接法的稠密 SLAM 方法,能够完全重构场景,但需要较高的计算代价。VINS(visual inertial navigation system) 系统基于特征点法和 IMU(inertial meas-urement unit) 预积分框架,构建视觉惯性状态估计系统,提高了机器人定位鲁棒性,但是采用特征点法创建的地图依然是稀疏地图。KinectFusion 利用深度图像和 TSDF(truncated signed distance function) 地图,通过图形处理器(graphics processing unit,GPU) 处理 ICP(iter-ative closest point) 算法实现快速的高精度地图构建。RS-SLAM 应用语义分割模型识别动态对象,基于贝叶斯模型对分割结果进行细化,从而实时构建静态的语义八叉树地图。At-tention-SLAM 是将视觉显着性模型 SalNavNet 与传统单目 SLAM 相结合来模拟人类导航模式,构建更为精确的稠密点云地图。而最新提出的一种基于记忆衰减的 PHD-SLAM 方法,通过改进 PHD 滤波器减少旧数据对 SLAM 的影响来提高定位与建图的准确率。

在地图表示形式方面,根据地图的数据结构和融合方式,可以将地图分为以下几种:

(1)栅格地图:能够实时合并不同分辨率的多机器人栅格地图的方法,多个机器人共同探索同一环境的不同区域并构建全局地图。

(2)八叉树地图:可定义分辨率,在 3D 空间中 8 等分,表示空间中物体,比较典型的是 Octomap,但 Octomap 中所有节点都将被分配相同的概率。

(3)Voxel hashing 体素哈希散列化:是利用压缩映射,将空间中的栅格转换到哈希表,使存储空间利用率最高,使可表示的分辨率更高。

(4)点云地图:通过测量仪器得到的物体外观表面的点数据集合。当前使用最为广泛的便是 ORB-SLAM3 生成点云地图的开源项目,基于多层图像固定特征变换的卷积神经网络,进一步提高 ORB 特征点提取与匹配的精度,构建出完整平滑的空间模型。

(5)ESDF(euclidean signed distance field) 地图:每个栅格中都有数据距离场的值,例如根据 ESDF 地图对局部规划路径进行细化,提出一种自主无人机探索动态环境的方法,以避开探索环境中的动态障碍。

1.4.7 复杂系统混合建模方法研究现状

复杂系统通常包含多个子系统,这些子系统之间相互作用、相互影响,表现出多层次、多尺度、非线性、不确定性和开放性等特点。复杂系统混合建模方法结合了多种建模技术的优势，以更准确地描述和预测复杂系统的行为。针对不同的复杂系统建模问题，往往采用的混合方法也不同，有时差别也会较大，下面介绍几种典型的复杂系统混合建模方法研究现状。

1. 多模型集成方法

研究者们在复杂系统建模中采用了多种模型集成方法，如基于物理的模型与数据驱动模型相结合、确定性模型与随机模型相结合等。集成学习方法也被广泛应用于混合建模，例如，将神经网络与基于规则的系统结合，以提高模型的预测能力和解释性。多尺度建模：在处理多尺度问题时，研究者们发展了从微观到宏观的多尺度建模方法，如分子动力学与连续介质力学的耦合，通过粗粒化方法和多尺度模拟技术，可以有效地捕捉系统在不同尺度上的行为。

2. 机器学习与人工智能技术的应用

随着机器学习和人工智能技术的发展，越来越多的研究者将这些技术应用于复杂系统的建模中。深度学习、强化学习等方法被用于处理非线性、高维度的数据，增强模型的预测能力。

3. 不确定性分析与处理

为了处理复杂系统中的不确定性，研究者们发展了概率模型、模糊逻辑、区间分析等建模方法。蒙特卡洛模拟、敏感性分析等技术也被用于评估模型对不确定性的响应。为了支持复杂系统的混合建模，许多软件和工具被开发出来，如 Modelica、MATLAB/Simulink、Any-Logic 等，这些工具提供了多种建模语言的接口，使得不同模型之间的集成变得更加容易。

复杂系统混合建模方法的研究正处于快速发展阶段，未来的研究可能会集中在以下几个方面：提高模型的准确性、鲁棒性和可解释性；发展更加高效的模型求解算法；探索新的模型验证和校准方法；应对大数据时代下复杂系统建模的挑战；促进跨学科的合作，以解决更加复杂的实际问题。复杂系统混合建模方法的研究正朝着多模态数据整合、智能化管理、制造系统优化、动态系统建模和工业过程控制等多个方向发展，展示了该领域的广泛性和深入性。

1.5 本 章 思 政

2021 年诺贝尔物理学奖颁给了真锅淑郎（Syukuro Manabe）、克劳斯·哈塞尔曼（Klaus Hasselmann）和乔治·帕里西（Giorgio Parisi），他们对复杂系统的理解做出了开创性的贡献。其中，真锅淑郎和克劳斯·哈塞尔曼共享一半的奖项，他们对地球气候进行建模、量化可变性并可靠地预测全球变暖。乔治·帕里西则独享另一半奖项，他发现了从原子到行星尺度的物理系统中无序和涨落的相互作用。真实的物理世界，充满难以用数学方法精准描述的现象，此次诺贝尔物理学奖获得者和他们引领的学科研究者们，都在带领着人类穿过混沌，离真相更近一步。

真锅淑郎 1931 年出生于日本，1957 年获得东京大学博士学位，1958 年赴美，在美国气象局地球物理流体动力学试验室工作。他是美国普林斯顿大学高级气象和气候学家,美国国家科学院院士,日本科学院、欧洲科学院和加拿大皇家学会外籍院士,率先使用计算机模拟全球气候变化和自然气候变化,被誉为气候模型"教父"。

克劳斯·哈塞尔曼是德国普朗克气象学研究所教授,1931 年出生于德国汉堡,1957 年在德国哥廷根大学和普朗克流体动力学研究所获得博士学位。

乔治·帕里西:1948 年生于意大利罗马,是意大利罗马第一大学理论物理学教授,意大利国家科学院院士,法国科学院、美国科学院外籍院士。

真锅淑郎和克劳斯·哈塞尔曼均在 90 岁高龄获得诺贝尔奖。诺贝尔奖是大多数科学家终其一生可能都无法企及的至高荣誉,但从另外一个角度来讲,活到老学到老这句做人的大意境,是现代科学家、学者、学生应该追求的。在当今快速发展的世界中,科学和技术不断进步,新发现和理论层出不穷,为了跟上时代的步伐,我们大家需要持续学习,并更新自己的知识库,有助于我们更好地适应变化,提高自己的知识和技能,从而实现个人和职业发展。

1.6　本章小结

对于复杂系统的研究,必须在传统理论研究和试验研究的基础上,采用本体论综合研究方法,借助系统建模与仿真(M&S)手段才能达到既定目标和预期效果。复杂系统建模并不仅仅局限于构建系统数学模型,更应该包括控制科学方法、计算机仿真技术等,共同构建出一个完整的、可模拟复杂系统运动变化规律的数字系统,才更有现实意义。

第 2 章 基于机理法的复杂系统建模技术与实例

2.1 引 言

机理建模方法的核心思想是将一个复杂的系统抽象为一个或多个数学模型,这些模型可以是基于物理原理、统计学方法或者其他适合系统特点的数学工具。通过建立这些模型,可定量地描述系统中的各个组成部分以及它们之间的相互作用,进而利用模型开展仿真试验和数值计算,预测和分析系统行为和性能。本章将介绍机理建模方法的基本概念、常见的建模技术以及其在不同领域的应用。

2.2 机理法建模原理

常见的机理建模方法包括系统动力学建模、代理建模、离散事件建模和网络建模等。系统动力学建模是一种关注系统内部各组成部分相互作用关系的建模方法,通过构建差分方程或微分方程来描述系统内各变量的动态演化过程以及因果关系,适用于描述具有时间延迟和反馈机制的系统。代理建模是一种基于个体行为规则的建模方法,适用于研究多智能体系统的行为和演化。离散事件建模是一种描述系统中离散事件和状态变化的建模方法,适用于处理系统中的突发性事件和不确定性。网络建模是一种描述复杂网络结构和相互作用的建模方法,适用于分析网络系统的稳定性和性能。其中,系统动力学建模是一种最为常用的数学建模方法,用于描述和分析物理、控制等领域中的动态系统,系统动力学建模的目的是通过建立数学模型来预测系统的行为和演化,以便更好地理解和控制系统,基本思想是将系统看作是由一组相互作用的变量组成的,变量随着时间的推移而发生变化,它们之间的相互作用可以通过一组微分方程来描述,这些微分方程可以用来预测系统的行为和演化,从而有助于研究人员更好地理解和控制系统。

2.2.1 微分方程中的动力学

动力学研究物体的运动规律以及促使这些规律变化的原因,微分方程是用数学语言描述物体运动的变化过程,微分方程中的动力学通过将物理规律转化为数学表达式,因而可以用数学模型来定量地研究和预测物体的运动。微分方程中的动力学是研究物体运动规律的数学工具,它将动力学和微分方程的理论与方法相结合,用数学的方式描述和分析运动过程。一阶、二阶以及非线性微分方程在动力学中都有重要的应用。

1. 一阶微分方程

一阶微分方程是微分方程中最简单的形式，它描述了物体的速度与运动的关系，动力学中许多问题可以用一阶微分方程建模，比如自由落体动力学模型。根据牛顿运动定律，自由落体物体的加速度恒为重力加速度，即 $a=g$。通过对这个物理规律建模可得到一阶微分方程：$v=gt$（初速度为 0），其中 v 是物体的速度，t 是时间。再比如生长模型，生物体的体积或质量会随时间变化，可以用微分方程 $\mathrm{d}v/\mathrm{d}t=kt$ 来表示，其中 v 是生物体的体积或质量，t 是时间，k 是与生物体生长速率相关的常数。

2. 二阶微分方程

二阶微分方程描述了物体的加速度与运动的关系，常用于描述振动和波动现象，如简谐振动。简谐振动广泛应用于机械、电子等领域，简谐振动的运动方程可以用二阶微分方程描述：$x''+\omega^2 x=0$，其中 x 是物体位移，ω 是振动角频率。再比如弹簧变形，弹簧变形可以用二阶微分方程表示：$mx''+bx'+kx=F$，其中 m 是物体质量，b 是阻尼系数，k 是弹簧劲度系数，x 是物体位移。

3. 非线性微分方程

非线性微分方程的动力学应用：在一些情况下，物体的运动规律可能不满足线性微分方程的形式，需要使用非线性微分方程进行建模。非线性微分方程的动力学应用具有更加复杂和丰富的特性，如摆动问题。物体在重力作用下摆动的问题可以用非线性微分方程描述，简单摆的运动方程为 $\theta''+g/L\sin(\theta)=0$，其中 θ 是摆角，g 是重力加速度，L 是摆线长度。

2.2.2　动力学机理建模方法

对于具体系统的动力学建模，一般均可以利用微分方程来反映系统的动态特性，也可以通过微分方程将系统模型转化为差分方程。在实际工程中，一般把系统分为连续系统和离散系统，连续系统的数学模型一般可用高阶微分方程表示，离散系统的数学模型一般可用差分方程表示。

1. 动力学建模的基本组成部件

对于硬件系统，其基本组成部件有惯性部件、弹性部件和阻尼部件，下面分别介绍以上三种部件。

（1）惯性部件：指具有质量或转动惯量的部件，惯量（质量、转动惯量）可以定义为使加速度（或角加速度）产生单位变化所需要的力（或力矩）。

$$m=\frac{F}{a} \tag{2-1}$$

$$J=\frac{M}{\alpha} \tag{2-2}$$

式中　m 和 J——质量和转动惯量；

　　　F 和 M——所受的力和力矩；

　　　a 和 α——加速度和角加速度。

（2）弹性部件：在外力或外力偶作用下产生变形，这种部件可以通过外力做功来储存能量,分为线性弹性部件和非线性弹性部件,通常等效为弹簧。对于线性弹性部件,所受到的力与位移成正比,比例常数为弹簧刚度 k:

$$F = k\Delta x \tag{2-3}$$

式中　k——弹簧刚度;

　　　Δx——弹簧相对于原长的变形量;

弹性力的方向总是指向弹簧的位移。

(3)阻尼部件:吸收能量以其他形式加以消耗而不储存能量的部件,例如活塞在一个充满流体介质的油缸中运动。阻尼力通常表示为

$$R = c\dot{x}^{\alpha} \tag{2-4}$$

阻尼力的方向与速度方向相反,$\alpha = 1$ 表示线性阻尼模型,否则为非线性阻尼模型。这里需要注意,当 α 等于偶数时,阻尼力表示为 $R = -c\dot{x}\mid \dot{x}^{\alpha-1}\mid$,这里的负号表示阻尼力的方向与速度方向相反。

2. 动力学建模基本定理

对于大多数力学问题,可以使用牛顿动力学基本定理来解决,动力学普遍定理包括动量定理、动量矩定理和动能定理以及其他变形形式,在一般情况下可以得到大多数动力学系统的数学模型。

(1)动量定理:设系统在任意瞬时的动量为 $\boldsymbol{K}$,作用在系统上的外力矢量和为 $\sum \boldsymbol{F}_i$,则任意瞬时的动量对时间的导数等于作用在系统中所有外力的矢量和。

$$\frac{\mathrm{d}\boldsymbol{K}}{\mathrm{d}t} = \sum \boldsymbol{F}_i \tag{2-5}$$

(2)质心运动定理:将上式投影到参考坐标系中,利用质心坐标计算表达式,可以将动量定理转化为质心运动定理。

$$M\boldsymbol{a} = \sum \boldsymbol{F}_i \quad \text{或者} \quad \sum m_i \boldsymbol{a}_i = \sum \boldsymbol{F}_i \tag{2-6}$$

式中　M——系统的总质量;

　　　$\boldsymbol{a}$——系统的质心加速度;

　　　m_i——刚体的质量;

　　　$\boldsymbol{a}_i$——分刚体的加速度。

(3)动量矩定理:系统在任意瞬时的动量矩对时间的导数等于作用在系统中所有外力矩的矢量和。

$$\frac{\mathrm{d}\boldsymbol{H}_O}{\mathrm{d}t} = \sum \boldsymbol{M}_O(F) \tag{2-7}$$

式中　$\boldsymbol{H}_O$——系统对固定点 O 的动量矩;

　　　$\boldsymbol{M}_O(F)$——力 F 对点 O 的力矩。

除了对固定点的动量矩定理外,还有对质心的动量矩定理、对速度瞬心的动量矩定理、对加速度瞬心的动量矩定理。

(4)动能定理:系统在任意瞬时的动能对时间的导数等于作用在系统中所有力的功率的代数和。

$$\frac{\mathrm{d}T}{\mathrm{d}t} = \sum W \qquad (2-8)$$

式中　T——系统的动能;

　　　W——系统所受力的功率。

动能定理的积分形式:系统在任意两瞬时的动能变化等于作用在系统中所有力的功的代数和。

$$T_2 - T_1 = \sum W \qquad (2-9)$$

2.3　舰载机着舰运动建模实例

若建立舰载机运动的数学模型,则需要建立其运动方程,其运动方程的建立从理论上来讲依赖于质心运动的动量定理以及转动的动量矩定理,而且其中的运算及坐标变换比较复杂,因此本节首先对需要用到的坐标系进行介绍。定义坐标系的目的是定义飞机的运动变量和建立飞机的运动方程,以分析其运动规律。这里涉及较多的力、力矩和运动变量等,因此该学科与其他学科相比,要使用较多的坐标系和变量,而且其中的规律也较复杂。本节将介绍需要的各个坐标系,并给出由不同坐标系之间的关系定义得到的飞机运动参数。

在确定舰载机模型过程中,比较常用的坐标系有四种,分别是地面坐标系、本体坐标系、航迹坐标系和速度坐标系,而且以上这四种坐标系均满足右手定则。

1. 地面坐标系 $O_g x_g y_g z_g$

地面坐标系 $O_g x_g y_g z_g$ 又常被称为大地坐标系。通常取大地中的某一点作为地面坐标系的原点 O_g。轴 $O_g x_g$ 位于地平面内,方向可以任意选择,本书定义轴 $O_g x_g$ 方向指向舰载机飞行航向方向;轴 $O_g x_g$ 和 $O_g y_g$ 均位于地平面上,轴 $O_g y_g$ 垂直于 $O_g x_g$ 指向飞机右方;轴 $O_g z_g$ 方向垂直于地面向下并且指向地心。当舰载机被视为质点,需要确定舰载机在地面的某个位置时,应采用地面坐标系。地面坐标系是与大地固定联系的,其作用是衡量飞行器位置和姿态基准的。地面坐标系示意图如图 2-1 所示。

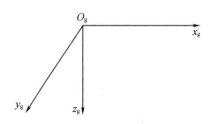

图 2-1　地面坐标系示意图

2. 本体坐标系 $O_b x_b y_b z_b$

本体坐标系 $O_b x_b y_b z_b$ 与舰载机本体固联。本体坐标系原点 O_b 位于舰载机的质心;纵向轴 $O_b x_b$ 沿舰载机结构纵轴指向机头;竖向轴 $O_b z_b$ 在机体对称平面内,垂直于纵轴 $O_b x_b$ 并指向下;横向轴 $O_b y_b$ 垂直于机体对称平面指向机体右方。本体坐标系的重要作用体现在对舰载机的转动过程分析时,可以较方便地对其进行受力分析。本体坐标系示意图如图 2-2 所示。

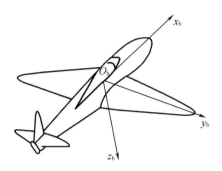

图 2-2　本体坐标系示意图

3. 气流坐标系 $O_a x_a y_a z_a$

气流坐标系 $O_a x_a y_a z_a$ 又称为空气动力坐标系。气流坐标系原点 O_a 位于舰载机的质心处,轴 $O_a x_a$ 与舰载机气流速度矢量的方向一致,轴 $O_a z_a$ 在机体的对称面内垂直于轴 $O_a x_a$ 向下,轴 $O_a y_a$ 垂直于平面 $O_a x_a z_a$ 指向机体右方。气流坐标系的优越性体现在对舰载机飞行时的空气动力进行研究时,可以较方便地进行坐标变换。气流坐标系示意图如图 2-3 所示。

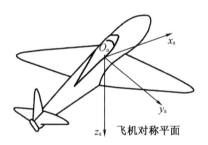

图 2-3　气流坐标系示意图

4. 航迹坐标系 $O_k x_k y_k z_k$

航迹坐标系 $O_k x_k y_k z_k$ 是由舰载机航迹速度数据决定的。航迹坐标系的原点 O_k 位于舰载机的质心处,轴 $O_k x_k$ 沿航迹速度的矢量方向,轴 $O_k z_k$ 位于速度矢量的铅垂面内,且指向下,轴 $O_k y_k$ 垂直于平面 $O_k x_k z_k$ 指向机体右方。采用航迹坐标系可以简化飞机质心运动方程。航迹坐标系示意图如图 2-4 所示。

为了建立舰载机的数学模型,应该对其所受的力和力矩进行详细的分析。在上面介绍的基础理论上,对舰载机的飞行过程进行受力分析。在真实情况下舰载机六自由度非线性数学模型是十分复杂的模型,而且不容易准确地建模,为此简化模型的建立过程。

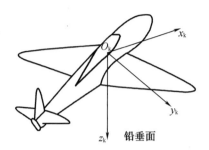

铅垂面

图 2-4　航迹坐标系示意图

2.3.1　舰载机上的作用力和作用力矩

2.3.1.1　作用力分析

舰载机在进舰着舰过程中,作用其上的力主要包括重力 G、发动机推力 P 和空气动力 A,下面对这三种力做简单介绍。

1. 重力 G

地球对舰载机的吸引力,其方向是从舰载机质心指向地心,因此舰载机所受重力可以表示为

$$G=mg=m\begin{pmatrix} 0 & 0 & g \end{pmatrix}^{\mathrm{T}} \tag{2-10}$$

2. 发动机推力 P

发动机是舰载机在空中飞行的动力来源,发动机安装方向与舰载机纵轴平行,推力方向可以通过喷管转动来调节。不同种类的发动机的特性是各不相同的,发动机推力取决于飞行速度 V、飞行高度 h(飞行高度 h 受到大气密度 ρ、压力 p 和温度 T 的影响)、迎角 α、马赫数 Ma、油门开度 δ_{p},则发动机的推力 P 的函数关系式可以表示为

$$P=P(Ma,V,h,\alpha,\delta_p,\cdots)$$

发动机推力 P 在机体坐标系中可以表示为

$$P=\begin{pmatrix} P\cos\sigma & 0 & P\sin\sigma \end{pmatrix}^{\mathrm{T}} \tag{2-11}$$

式中　σ——舰载机的油门喷管与飞行器纵轴的夹角,在本书研究过程中将近似认为 $\sigma=0$。

3. 空气动力 A

空气动力在舰载机上可以详细地分解为三种力:气动升力 L、气动阻力 D 和气动侧力 C,空气动力通常在速度坐标轴系中进行分析。根据在气流坐标系中的定义,沿 $-x_{\mathrm{a}}$ 方向的分量是气动阻力 D,沿 y_{a} 方向的分量是气动侧力 C,沿 $-z_{\mathrm{a}}$ 方向的分量是气动升力 L,因此空气动力 A 可以表示为 $(A)_{\mathrm{a}}=\begin{pmatrix} -D & C & -L \end{pmatrix}^{\mathrm{T}}$。舰载机所受空气动力示意图如图 2-5 所示。

(1)气动升力

气动升力是舰载机在纵向平面内调节高度所必需的力,主要由机翼的升力、水平尾翼的升力两部分组成。升力的主要作用是与舰载机重力抵消,使舰载机可以在空中完成各种飞行动作。升力可以表达为

$$L=\frac{1}{2}\rho V^2 SC_{\mathrm{L}}=qSC_{\mathrm{L}} \tag{2-12}$$

式中　C_L——升力系数；

　　　S——机翼的投影面积；

　　　q——舰载机动压，$q=\dfrac{\rho V^2}{2}$；

　　在气流坐标系统沿$-O_a z_a$ 方向是正向。

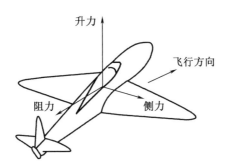

图 2-5　舰载机所受空气动力示意图

升力大小与动压、飞机的气动特性和机翼面积等因素有关。

（2）气动阻力

气动阻力是由空气作用在舰载机表面的法向力和切向力顺气流方向的分量组成的。阻力是与舰载机运动轨迹平行、与飞行速度方向相反的力，根据其形成原因的不同，可以分为摩擦阻力、压差阻力、干扰阻力和诱导阻力。其表达式为

$$D=\frac{1}{2}\rho V^2 S C_D=qSC_D \tag{2-13}$$

式中　C_D——阻力系数。

阻力大小与机翼面积、飞行速度、迎角等因素有关。

（3）气动侧力

气动侧力是舰载机在不对称气流中运动造成的，主要由垂直尾翼和机身提供。其表达式为

$$C=\frac{1}{2}\rho V^2 S C_C=qSC_C \tag{2-14}$$

式中　C_C——侧力系数。

2.3.1.2　作用力矩分析

在飞行过程中，舰载机的气动力矩主要由机翼、机身和水平尾翼的运动产生，具体为绕机体纵轴的滚转力矩、绕横轴的俯仰力矩和绕立轴的偏航力矩，对这三个力矩的分析通常在本体坐标系中进行，如图 2-6 所示。

1. 俯仰力矩

俯仰力矩产生的作用是使舰载机绕 $O_b y_b$ 轴转动，使其俯仰角增大或减小。俯仰力矩主要与升降舵偏角、速度大小、迎角大小等因素有关，其表达式为

$$M_y=f(Ma,h,\alpha,\varphi,\omega_y,\alpha,\delta_{py}) \tag{2-15}$$

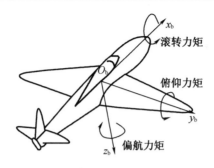

图 2-6　作用在舰载机上的力矩示意图

2. 滚转力矩

滚转力矩产生的作用是使舰载机绕 $O_b x_b$ 轴转动,使其滚转角增大或减小。滚转力矩主要与副翼偏转角、侧滑角等因素有关,其表达式为

$$M_z = f(Ma, \beta, \delta_x, \delta_y, \omega_x, \omega_z, \alpha, \delta_{pz}) \tag{2-16}$$

3. 偏航力矩

偏航力矩产生的作用是使舰载机绕 $O_b z_b$ 轴转动,使其偏航角增大或减小。偏航力矩主要与方向舵偏角、侧滑角等因素有关,其表达式为

$$M_x = f(Ma, \beta, \delta_x, \delta_z, \omega_x, \omega_z) \tag{2-17}$$

2.3.2　舰载机的运动参数

舰载机的运动参数主要包括姿态角和气流角两种,其具有重要的意义,通过运动参数可以将地面坐标系、机体坐标系和速度坐标系之间建立联系,这在舰载机建模方面意义重大。

2.3.2.1　飞机姿态角

舰载机的姿态角是由地面坐标系与机体坐标系之间的旋转关系来定义的,舰载机的姿态角有三个,分别为俯仰角 θ、偏航角 ψ 和滚转角 φ。这三个角的具体含义如图 2-7 所示。

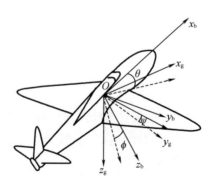

图 2-7　舰载机姿态角示意图

俯仰角 θ 为机体坐标系的纵轴 $O_b x_b$ 与地面坐标系的 $O_g x_g y_g$ 平面之间的夹角,飞机仰头时 θ 为正。

偏航角 ψ 为机体坐标系的纵轴 $O_b x_b$ 在地面坐标系的 $O_g x_g y_g$ 平面上的投影与轴 $O_b x_b$ 之间的夹角,当该投影线偏向 $O_g x_g$ 轴的右方时 ψ 为正。

滚转角 φ 为对称平面 $O_b x_b y_b$ 与通过纵轴 $O_b x_b$ 的铅垂平面之间的夹角,沿轴 $O_b x_b$ 看,当飞机的左机翼上抬,右机翼下沉时 φ 为正。

2.3.2.2 飞机气流角

飞机的气流角有两个,分别为迎角 α 和侧滑角 β,它们是由机体坐标系与速度坐标系之间的旋转关系来定义的,如图 2-8 所示。

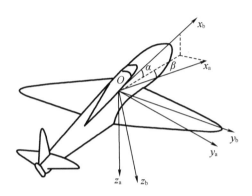

图 2-8 舰载机气流角示意图

迎角 α 为气流速度在舰载机对称平面上的投影与机体坐标系纵轴 $O_b x_b$ 之间的夹角。当该投影线偏向纵轴的下侧时,α 为正。

侧滑角 β 为气流速度与舰载机对称平面之间的夹角。当速度矢量偏向飞机右方时,β 为正。

2.4 船舶六自由度运动建模实例

船舶运动模型主要涉及 3 个坐标系,分别为世界坐标系、船舶本体坐标系、重心坐标系,具体如图 2-9 所示。

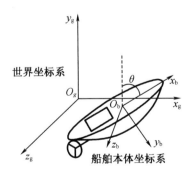

图 2-9 船舶运动模型相关坐标系

1. 世界坐标系

世界坐标系是指墨卡托坐标系 $x_g y_g z_g$，其横纵坐标分别为经度和纬度，垂向坐标向上为正，经纬度由地球球面坐标转化为平面坐标时在高纬度会有畸变，故本书研究方向不包括高纬度地区。墨卡托坐标原点位于经纬度 $(0,0)$ 处，横轴 x_g 指向东方，纵轴 y_g 指向北方。

2. 船舶本体坐标系

船舶本体坐标系固定在船舶上，本体坐标系用 $x_b y_b z_b$ 表示，其中原点位于船舶几何中心，x_b 轴指向船首方向，y_b 轴指向右舷方向，z_b 轴垂直于甲板面向下。

3. 重心坐标系

重心坐标系固定在船舶上，用 $x_G y_G z_G$ 表示，其中原点位于船舶重心，其余三个方向与船舶本体坐标系一致。本书中"海豚1"属于科研试验船，其上可能安装或拆卸各类硬件设备，为此其重心是可改变的，与船舶本体坐标系的原点是不重合的。

2.4.1　船舶刚体动力学建模

建立船舶空间运动数学模型的思想是：将船舶的各个部分分别建模，然后再将同一方向上的力和力矩求和，应用动量定理和动量矩定理列出六自由度的运动方程。

船舶刚体动力学方程推导过程，主要基于动量与动量矩微分方程，如下所示：

$$\begin{cases} \dfrac{\mathrm{d}\boldsymbol{H}}{\mathrm{d}t} = \dot{\boldsymbol{H}} + \boldsymbol{\Omega} \times \boldsymbol{H} \\ \dfrac{\mathrm{d}\boldsymbol{L}}{\mathrm{d}t} = \dot{\boldsymbol{L}} + \boldsymbol{\Omega} \times \boldsymbol{L} + \boldsymbol{U} \times \boldsymbol{H} \end{cases} \tag{2-18}$$

式中　$\boldsymbol{H}$——刚体的动量；

　　　$\boldsymbol{L}$——刚体对原点的动量矩；

　　　$\boldsymbol{U}$——船舶本体坐标系下原点的线速度，可表示为 $\boldsymbol{U} = \begin{bmatrix} u & v & w \end{bmatrix}^{\mathrm{T}}$；

　　　$\boldsymbol{\Omega}$——船舶本体坐标系的角速度，可表示为 $\boldsymbol{\Omega} = \begin{bmatrix} p & q & r \end{bmatrix}^{\mathrm{T}}$。

设 $\{x, y, z\}$ 为坐标系基底向量，则相对变化率如下所示：

$$\begin{cases} \dot{\boldsymbol{H}} = \dfrac{\mathrm{d}H_x}{\mathrm{d}t}x + \dfrac{\mathrm{d}H_y}{\mathrm{d}t}y + \dfrac{\mathrm{d}H_z}{\mathrm{d}t}z \\ \dot{\boldsymbol{L}} = \dfrac{\mathrm{d}L_x}{\mathrm{d}t}x + \dfrac{\mathrm{d}L_y}{\mathrm{d}t}y + \dfrac{\mathrm{d}L_z}{\mathrm{d}t}z \end{cases} \tag{2-19}$$

2.4.1.1　船舶平移运动模型

本书假设船舶为不发生形变的刚体，刚体的动量可以用质量和质心速度的乘积来表示。从理论力学角度可得下述动量定理：刚体动量的绝对变化率等于该瞬时其所受外力的合力，即有

$$\frac{\mathrm{d}\boldsymbol{H}}{\mathrm{d}t} = m\frac{\mathrm{d}\boldsymbol{U}_G}{\mathrm{d}t} = \boldsymbol{F}_\Sigma \tag{2-20}$$

式中　$\boldsymbol{F}_\Sigma$——合外力；

　　　$\boldsymbol{U}_G$——刚体重心的移动速度，由下式表示：

$$U_G = U + \boldsymbol{\Omega} \times \boldsymbol{R}_G \tag{2-21}$$

式中　$\boldsymbol{R}_G = \begin{bmatrix} x_G & y_G & z_G \end{bmatrix}$，为重心 G 在船舶本体坐标系下的位置向量，故有下式成立：

$$m\frac{\mathrm{d}U_G}{\mathrm{d}t} = m\frac{\mathrm{d}}{\mathrm{d}t}(U + \boldsymbol{\Omega} \times \boldsymbol{R}_G) = m\frac{\mathrm{d}U}{\mathrm{d}t} + m\frac{(\boldsymbol{\Omega} \times \boldsymbol{R}_G)}{\mathrm{d}t} = \boldsymbol{F}_\Sigma \tag{2-22}$$

原点线速度 U 利用坐标系基底可表示为

$$U = u\boldsymbol{x} + v\boldsymbol{y} + w\boldsymbol{z} \tag{2-23}$$

故上式可表示为

$$\frac{\mathrm{d}U}{\mathrm{d}t} = \frac{\mathrm{d}u}{\mathrm{d}t}\boldsymbol{x} + \frac{\mathrm{d}v}{\mathrm{d}t}\boldsymbol{y} + \frac{\mathrm{d}w}{\mathrm{d}t}\boldsymbol{z} + u\frac{\mathrm{d}\boldsymbol{x}}{\mathrm{d}t} + v\frac{\mathrm{d}\boldsymbol{y}}{\mathrm{d}t} + w\frac{\mathrm{d}\boldsymbol{z}}{\mathrm{d}t} \tag{2-24}$$

由向量指向关系可得基底向量求导公式：

$$\begin{cases} \dfrac{\mathrm{d}\boldsymbol{x}}{\mathrm{d}t} = \boldsymbol{\Omega} \times \boldsymbol{x} \\[2mm] \dfrac{\mathrm{d}U}{\mathrm{d}t} = \boldsymbol{\Omega} \times \boldsymbol{y} \\[2mm] \dfrac{\mathrm{d}\boldsymbol{z}}{\mathrm{d}t} = \boldsymbol{\Omega} \times \boldsymbol{z} \end{cases} \tag{2-25}$$

则刚体线速度导数的矢量表示为

$$\dot{U} = \dot{u}\boldsymbol{x} + \dot{v}\boldsymbol{y} + \dot{w}\boldsymbol{z} \tag{2-26}$$

将式（2-25）和式（2-26）代入式（2-24）可得

$$\frac{\mathrm{d}U}{\mathrm{d}t} = \dot{U} + \boldsymbol{\Omega} \times (u\boldsymbol{x} + v\boldsymbol{y} + w\boldsymbol{z}) = \dot{U} + \boldsymbol{\Omega} \times U \tag{2-27}$$

利用同上原理，有下式成立：

$$\dot{\boldsymbol{\Omega}} = \dot{p}\boldsymbol{x} + \dot{q}\boldsymbol{y} + \dot{r}\boldsymbol{z} \tag{2-28}$$

$$\frac{\mathrm{d}\boldsymbol{\Omega} \times \boldsymbol{R}_G}{\mathrm{d}t} = \dot{\boldsymbol{\Omega}} \times \boldsymbol{R}_G + \boldsymbol{\Omega} \times (\boldsymbol{\Omega} \times \boldsymbol{R}_G) \tag{2-29}$$

将式（2-27）、式（2-29）代入式（2-22）可得动量方程：

$$m[\dot{U} + \boldsymbol{\Omega} \times U + \dot{\boldsymbol{\Omega}} \times \boldsymbol{R}_G + \boldsymbol{\Omega} \times (\boldsymbol{\Omega} \times \boldsymbol{R}_G)] = \boldsymbol{F}_\Sigma \tag{2-30}$$

由于有下式成立：

$$\begin{cases} U = u\boldsymbol{x} + v\boldsymbol{y} + w\boldsymbol{z} \\ \boldsymbol{\Omega} = p\boldsymbol{x} + q\boldsymbol{y} + r\boldsymbol{z} \end{cases} \tag{2-31}$$

因此可得到下式：

$$\boldsymbol{\Omega} \times U = \begin{vmatrix} \boldsymbol{x} & \boldsymbol{y} & \boldsymbol{z} \\ p & q & r \\ u & v & w \end{vmatrix} = (wq - vr)\boldsymbol{x} + (ur - wp)\boldsymbol{y} + (vp - uq)\boldsymbol{z}$$

$$= (wq - vr \quad ur - wp \quad vp - uq)^{\mathrm{T}} \tag{2-32}$$

同理可得

$$\dot{\boldsymbol{\Omega}} \times \boldsymbol{R}_G = (z_G \dot{q} - y_G \dot{r} \quad x_G \dot{r} - z_G \dot{p} \quad r \; y_G \dot{p} - x_G \dot{q})^{\mathrm{T}}$$

$$\boldsymbol{\Omega} \times \boldsymbol{R}_{G} = \begin{pmatrix} z_{G}q - y_{G}r & x_{G}r - z_{G}pr & y_{G}p - x_{G}q \end{pmatrix}^{T}$$

$$\boldsymbol{\Omega} \times \boldsymbol{R}_{G} = \boldsymbol{T}$$

$$\boldsymbol{\Omega} \times (\boldsymbol{\Omega} \times \boldsymbol{R}_{G}) = \begin{bmatrix} (y_{G}p - x_{G}q)q - (x_{G}r - z_{G}p)r \\ (z_{G}q - y_{G}r)r - (y_{G}p - x_{G}q)p \\ (x_{G}r - z_{G}p)p - (z_{G}q - y_{G}r)q \end{bmatrix} \tag{2-33}$$

将式(2-32)和式(2-33)代入式(2-30)，可得到船舶平移运动的三个方程：

$$\begin{bmatrix} \dot{u} \\ \dot{v} \\ \dot{w} \end{bmatrix} + \begin{bmatrix} wq - vr \\ ur - wp \\ vp - uq \end{bmatrix} + \begin{bmatrix} -x_{G}(q^{2}+r^{2}) + y_{G}(pq - \dot{r}) + z_{G}(pr + \dot{q}) \\ -y_{G}(r^{2}+p^{2}) + z_{G}(qr - \dot{p}) + x_{G}(qp + \dot{r}) \\ -z_{G}(p^{2}+q^{2}) + x_{G}(rp - \dot{q}) + y_{G}(rq + \dot{p}) \end{bmatrix} = \frac{1}{m} \begin{bmatrix} X \\ Y \\ Z \end{bmatrix} \tag{2-34}$$

式中，X、Y、Z 分别为船舶在本体坐标系3个轴方向上的合外力分量。

2.4.1.2 船舶旋转运动模型

由动量矩定理，即刚体对原点动量矩的变化率等于所受外力合力对原点的力矩，可得

$$\frac{\mathrm{d}\boldsymbol{L}}{\mathrm{d}t} = \dot{\boldsymbol{L}} + \boldsymbol{\Omega} \times \boldsymbol{L} + \boldsymbol{U} \times \boldsymbol{H} = \boldsymbol{M}_{\Sigma} \tag{2-35}$$

式中 $\boldsymbol{M}_{\Sigma}$——船舶本体坐标系下合外力对原点的力矩，动量可用下式表示：

$$\boldsymbol{H} = m(\boldsymbol{U} + \boldsymbol{\Omega} \times \boldsymbol{R}_{G}) \tag{2-36}$$

船舶重心坐标系的3个坐标轴与船舶本体坐标系的3个坐标轴对应平行，此时船舶旋转过程的动量矩共分为3部分：

(1)刚体绕通过重心轴做相对转动时，转动角速度也是 $\boldsymbol{\Omega}$，它产生的动量矩记为 $\boldsymbol{J}_{G}\boldsymbol{\Omega}$；

(2)刚体重心轴以速度 $\boldsymbol{U}_{G}$ 运动，对应的动量对原点产生的动量矩为 $\boldsymbol{R}_{G} \times m(\boldsymbol{\Omega} \times \boldsymbol{R}_{G})$；

(3)当原点速度不等于0时，重心 G 除绕通过重心轴转动外，还和原点一起以速度 $\boldsymbol{U}$ 平移，则作用于重心 G 的刚体动量 $m\boldsymbol{U}$ 对原点的矩为 $\boldsymbol{R}_{G} \times m\boldsymbol{U}$，可得刚体对原点的总动量矩为

$$\boldsymbol{L} = \boldsymbol{J}_{G}\boldsymbol{\Omega} + \boldsymbol{R}_{G} \times m(\boldsymbol{\Omega} \times \boldsymbol{R}_{G}) + \boldsymbol{R}_{G} \times m\boldsymbol{U} = \boldsymbol{J}\boldsymbol{\Omega} + \boldsymbol{R}_{G} \times m\boldsymbol{U} \tag{2-37}$$

式中 $\boldsymbol{J}_{G}$——刚体对原点在本船重心坐标系的惯性矩阵，$\boldsymbol{J}_{G} = \begin{bmatrix} J_{xG} & J_{xyG} & J_{xzG} \\ J_{yxG} & J_{yG} & J_{yzG} \\ J_{zxG} & J_{zyG} & J_{zG} \end{bmatrix}$；

$\boldsymbol{J}$——刚体对原点不在本船重心坐标系的惯性矩阵，

$$\boldsymbol{J} = \begin{bmatrix} J_{x} & J_{xy} & J_{xz} \\ J_{yx} & J_{y} & J_{yz} \\ J_{zx} & J_{zy} & J_{z} \end{bmatrix} = \begin{bmatrix} J_{xG} + m(y_{G}^{2}+z_{G}^{2}) & J_{xyG} - mx_{G}y_{G} & J_{xzG} - mx_{G}z_{G} \\ J_{yxG} - my_{G}x_{G} & J_{yG} + m(z_{G}^{2}+x_{G}^{2}) & J_{yzG} - my_{G}z_{G} \\ J_{zxG} - mz_{G}x_{G} & J_{zyG} - mz_{G}y_{G} & J_{zG} + m(x_{G}^{2}+y_{G}^{2}) \end{bmatrix} 。$$

因此有下式成立：

$$\dot{\boldsymbol{L}} = \boldsymbol{J}\dot{\boldsymbol{\Omega}} + \boldsymbol{R}_{G} \times m\dot{\boldsymbol{U}} \tag{2-38}$$

将式(2-37)和式(2-38)代入式(2-36)可得下式：

$$\frac{\mathrm{d}\boldsymbol{L}}{\mathrm{d}t} = \boldsymbol{J}\dot{\boldsymbol{\Omega}} + \boldsymbol{R}_{G} \times m\dot{\boldsymbol{U}} + \boldsymbol{\Omega} \times (\boldsymbol{J}\boldsymbol{\Omega} + \boldsymbol{R}_{G} \times m\boldsymbol{U}) + \boldsymbol{U} \times (m\boldsymbol{U} + m\boldsymbol{\Omega} \times \boldsymbol{R}_{G}) = \boldsymbol{M}_{\Sigma} \tag{2-39}$$

由于有下式成立：

$$\boldsymbol{U} \times m\boldsymbol{U} = m(\boldsymbol{U} \times \boldsymbol{U}) = \begin{vmatrix} x & y & z \\ u & v & w \\ u & v & w \end{vmatrix} = 0 \tag{2-40}$$

根据如下向量变换关系：

$$\boldsymbol{\Omega} \times (\boldsymbol{R}_G \times m\boldsymbol{U}) + m\boldsymbol{U} \times (\boldsymbol{\Omega} \times \boldsymbol{R}_G) = \boldsymbol{R}_G \times (\boldsymbol{\Omega} \times m\boldsymbol{U}) \tag{2-41}$$

将式（2-40）和式（2-41）代入式（2-39）可得刚体如下旋转方程：

$$\boldsymbol{J}\dot{\boldsymbol{\Omega}} + \boldsymbol{R}_G \times m\,\dot{\boldsymbol{U}} + \boldsymbol{\Omega} \times \boldsymbol{J}\boldsymbol{\Omega} + \boldsymbol{\Omega} \times (\boldsymbol{R}_G \times m\boldsymbol{U}) + m\boldsymbol{U} \times (\boldsymbol{\Omega} \times \boldsymbol{R}_G)$$
$$= \boldsymbol{J}\dot{\boldsymbol{\Omega}} + \boldsymbol{R}_G \times m\,\dot{\boldsymbol{U}} + \boldsymbol{\Omega} \times \boldsymbol{J}\boldsymbol{\Omega} + \boldsymbol{R}_G \times (\boldsymbol{\Omega} \times m\boldsymbol{U}) = \boldsymbol{M}_\Sigma \tag{2-42}$$

各分量可表示为

$$\boldsymbol{J}\dot{\boldsymbol{\Omega}} = \begin{bmatrix} J_x & J_{xy} & J_{xx} \\ J_{yx} & J_y & J_{yx} \\ J_{xx} & J_{xy} & J_z \end{bmatrix} \begin{bmatrix} \dot{p} \\ \dot{q} \\ \dot{r} \end{bmatrix} \tag{2-43}$$

$$\boldsymbol{\Omega} \times \boldsymbol{J}\boldsymbol{\Omega} = \begin{bmatrix} (J_{zx}p + J_{zy}q + J_z r)q - (J_{yx}p + J_y q + J_{yz}r)r \\ (J_x p + J_{xy}q + J_{xz}r)r - (J_{zx}p + J_{zy}q + J_z r)p \\ (J_{yx}p + J_y q + J_{yz}r)p - (J_x p + J_{xy}q + J_{xz}r)q \end{bmatrix} \tag{2-44}$$

$$\boldsymbol{R}_G \times m\dot{\boldsymbol{U}} = m \begin{bmatrix} y_G \dot{w} - z_G \dot{v} \\ z_G \dot{u} - x_G \dot{w} \\ x_G \dot{v} - y_G \dot{u} \end{bmatrix} \tag{2-45}$$

$$\boldsymbol{R}_G \times (\boldsymbol{\Omega} \times m\boldsymbol{U}) = m \begin{bmatrix} y_G(vp - uq) + z_G(wp - ur) \\ z_G(wq - vr) + x_G(uq - vp) \\ x_G(ur - wp) + y_G(v - wq) \end{bmatrix} \tag{2-46}$$

将式（2-43）~式（2-46）代入式（2-42），可得船舶旋转运动方程如下所示：

$$\begin{bmatrix} J_x & J_{xy} & J_{xz} \\ J_{yx} & J_y & J_{yz} \\ J_{zx} & J_{xy} & J_z \end{bmatrix} \begin{bmatrix} \dot{p} \\ \dot{q} \\ \dot{r} \end{bmatrix} + \begin{bmatrix} (J_{zx}p + J_{zy}q + J_z r)q - (J_{yx}p + J_y q + J_{yz}r)r \\ (J_x p + J_{xy}q + J_{xz}r)r - (J_{zx}p + J_{zy}q + J_z r)p \\ (J_{yx}p + J_y q + J_{yz}r)p - (J_x p + J_{xy}q + J_{xz}r)q \end{bmatrix} +$$

$$m \begin{bmatrix} y_G(\dot{w} + vp - uq) - z_G(\dot{v} + ur - wp) \\ z_G(\dot{u} + wq - vr) - x_G(\dot{w} + vp - uq) \\ x_G(\dot{v} + ur - wp) - y_G(\dot{u} + wq - vr) \end{bmatrix} = \begin{bmatrix} K \\ M \\ N \end{bmatrix} \tag{2-47}$$

式中 K、M、N——船舶在本体坐标系绕 3 个轴的合外力矩分量。

2.4.1.3 船舶运动的矢量模型

联立式（2-35）和式（2-47），可得船舶 6 自由度空间运动数学模型，如下式所示：

$$\begin{bmatrix}\dot u\\\dot v\\\dot w\end{bmatrix}+\begin{bmatrix}wq-vr\\ur-wp\\vp-uq\end{bmatrix}+\begin{bmatrix}-x_G(q^2+r^2)+y_G(pq-\dot r)+z_G(pr+\dot q)\\-y_G(r^2+p^2)+z_G(qr-\dot p)+x_G(qp+\dot r)\\-z_G(p^2+q^2)+x_G(rp-\dot q)+y_G(rq+\dot p)\end{bmatrix}=\frac{1}{m}\begin{bmatrix}X\\Y\\Z\end{bmatrix}$$

$$\begin{bmatrix}J_x&J_{xy}&J_{xz}\\J_{yx}&J_y&J_{yz}\\J_{zx}&J_{xy}&J_z\end{bmatrix}[\dot p\,\dot q\,\dot r]+\begin{bmatrix}(J_{zx}p+J_{zy}q+J_zr)q-(J_{yx}p+J_yq+J_{yz}r)r\\(J_xp+J_{xy}q+J_{xz}r)r-(J_{zx}p+J_{zy}q+J_zr)p\\(J_{yx}p+J_yq+J_{yz}r)p-(J_xp+J_{xy}q+J_{xz}r)q\end{bmatrix}+m\begin{bmatrix}y_G(\dot w+vp-uq)-z_G(\dot v+ur-wp)\\z_G(\dot u+wq-vr)-x_G(\dot w+vp-uq)\\x_G(\dot v+ur-wp)-y_G(\dot u+wq-vr)\end{bmatrix}=\begin{bmatrix}K\\M\\N\end{bmatrix}$$

$$(2-48)$$

式(2-48)中第一个方程中等号左面的 3 项表示船舶平移运动,第二个方程中等号左面的 3 项表示船舶旋转运动,船舶运动方程可以用下列矢量形式表示:

$$\boldsymbol{M}_{RB}\dot{\boldsymbol{x}}+\boldsymbol{C}_{RB}(\boldsymbol{x})\boldsymbol{x}=\boldsymbol{\tau}_{RB}\tag{2-49}$$

式中　$\boldsymbol{x}$——船舶在本体坐标系下分解的速度和角速度矢量,$\boldsymbol{x}=[u,v,w,p,q,r]^T$;

$\boldsymbol{\tau}_{RB}$——合外力和合外力矩在船舶本体坐标系下分解的矢量形式,$\boldsymbol{\tau}_{RB}=[X,Y,Z,K,M,N]^T$;

$\boldsymbol{M}_{RB}$——刚体系统惯性矩阵,具体如下所示:

$$\boldsymbol{M}_{RB}=\begin{bmatrix}m&0&0&0&mz_G&-my_G\\0&m&0&-mz_G&0&mx_G\\0&0&m&my_G&-mx_G&0\\0&-mz_G&my_G&J_x&J_{xy}&J_{xz}\\mz_G&0&-mx_G&J_{yx}&J_y&J_{yz}\\-my_G&mx_G&0&J_{zx}&J_{zy}&J_z\end{bmatrix}\tag{2-50}$$

$\boldsymbol{C}_{RB}(\boldsymbol{x})$——刚体科里奥利向心力矩阵,具体如下所示:

$$\boldsymbol{C}_{RB}(\boldsymbol{x})=\begin{bmatrix}0&0&0&m(y_Gq+z_Gr)&-m(x_Gq-w)&-m(x_Gr+v)\\0&0&0&-m(y_Gp+w)&m(z_Gr+x_Gp)&-m(y_Gr-u)\\0&0&0&-m(z_Gp-v)&-m(z_Gq+u)&m(x_Gp+y_Gq)\\-m(y_Gq+z_Gr)&m(y_Gp+w)&m(z_Gp-v)&0&J_{yz}q+J_{xz}p+J_zr&-J_{yz}r-J_{xy}p-J_yq\\m(x_Gq-w)&-m(z_Gr+x_Gp)&m(z_Gq+u)&-J_{yz}q-J_{zx}p-J_zr&0&J_{xz}r+J_{xy}q+J_xp\\m(x_Gr+v)&m(y_Gr-u)&-m(x_Gp+y_Gq)&J_{yz}r+J_{xp}p+J_yq&-J_{xz}r-J_{xy}q-J_xp&0\end{bmatrix}$$

$$(2-51)$$

2.4.2　规则波中船舶波浪力建模

本书规则波中船舶波浪力的建模基于微幅波理论,有如下 3 个假设:

(1)流体是没有黏性、不可压缩的理想流体;

(2)流体运动为无旋的势流运动;

(3)波岛相对于波长是小量。

在固定坐标系 $O\xi\eta\zeta$ 中,沿 ξ 轴传播的规则波如图 2-10 所示。

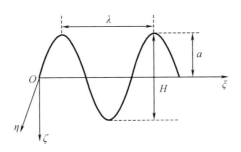

图 2-10　规则波示意图

图 2-10 中, λ 代表波长, H 代表波高, a 代表波幅, 且 $a = 0.5H$。

除了上述参数, 描述规则波的其他特征参数还有如下变量:

(1) 波浪周期 T: 代表两波峰或波谷经过海面同一固定点的时间间隔;

(2) 波浪频率 ω: $\omega = 2\pi/T$;

(3) 波数 k: $k = 2\pi/\lambda$;

(4) 遭遇频率 ω_e: $\omega_e = \omega - k(u\cos\chi - v\sin\chi)$;

(5) 遭遇角 χ: 表示船首与波浪去向 (即 ξ 轴正向) 之间的夹角。

波浪力分为两种, 其一是一阶波浪干扰力 (又称为高频波浪干扰力), 在微幅波假设下, 大小与波高呈线性关系, 频率与波浪相同, 主要引发船舶纵摇和垂荡运动; 其二是二阶波浪力 (也称波浪漂移力), 该波浪力与波高平方成比例, 主要改变船舶运动的航向和航迹。

2.4.2.1　一阶波浪力模型

弗劳德在研究波浪中船舶的运动时, 提出规则波中船舶不影响波浪中压力分布, 基于弗劳德假设和伯努利方程, 深水规则波中动压力的分布如下式所示:

$$\Delta P = -\rho \frac{\partial \varphi}{\partial t} - 0.5\rho(u^2 + v^2 + w^2) - \rho g\xi \tag{2-52}$$

式中　φ——速度势;

　　　ρ——水密度;

　　　$\rho g\xi$——静水压力, 表现为船舶所受的浮力。

剩余两项为波浪扰动产生的动压力项, 在微幅波假说下, $0.5\rho(u^2 + v^2 + w^2)$ 是高阶小量, 可以忽略, 所以波浪产生的动压力可表示为

$$\Delta P = -\rho g a e^{kz}\cos(kx\cos\chi - ky\sin\chi - \omega_e t) \tag{2-53}$$

将动压力沿船体湿表面积积分, 得到规则波作用于船体上的干扰力和力矩:

$$\begin{cases} \boldsymbol{F}_W = -\iint_S \Delta P\boldsymbol{n}\mathrm{d}S \\ \boldsymbol{M}_W = -\iint_S \Delta P(\boldsymbol{r}\times\boldsymbol{n})\mathrm{d}S \end{cases} \tag{2-54}$$

式中　S——船体湿表面积;

　　　$\boldsymbol{n}$——S 的单位法线矢量, 方向指向船体外部;

　　　$\boldsymbol{r}$——动压力作用点相对于船舶本体坐标系的位置向量。

将波浪干扰力和力矩投影到船舶本体坐标系中,根据数值积分知识,考虑船体的对称性进行化简,得到6自由度的力和力矩的分量,如下式所示:

$$
\begin{cases}
X_{\mathrm{W}} = \rho gak\cos\chi \int_L \sin(kx\cos\chi - \omega_e t)\,\mathrm{d}x \iint_A \mathrm{e}^{kz}\cos(ky\sin\chi)\,\mathrm{d}A \\[4pt]
Y_{\mathrm{W}} = -\rho gak\sin\chi \int_L \sin(kx\cos\chi - \omega_e t)\,\mathrm{d}x \iint_A \mathrm{e}^{kz}\cos(ky\sin\chi)\,\mathrm{d}A \\[4pt]
Z_{\mathrm{W}} = -\rho gak \int_L \cos(kx\cos\chi - \omega_e t)\,\mathrm{d}x \iint_A \mathrm{e}^{kz}\cos(ky\sin\chi)\,\mathrm{d}A \\[4pt]
K_{\mathrm{W}} = \rho gak\sin\chi \int_L \sin(kx\cos\chi - \omega_e t)\,\mathrm{d}x \iint_A z\mathrm{e}^{kz}\cos(ky\sin\chi)\,\mathrm{d}A - \\[4pt]
\rho gak \int_L \sin(kx\cos\chi - \omega_e t)\,\mathrm{d}x \iint_A y\mathrm{e}^{kz}\cos(ky\sin\chi)\,\mathrm{d}A \\[4pt]
M_{\mathrm{W}} = \rho gak \int_L x\cos(kx\cos\chi - \omega_e t)\,\mathrm{d}x \iint_A \mathrm{e}^{kz}\cos(ky\sin\chi)\,\mathrm{d}A \\[4pt]
N_{\mathrm{W}} = -\rho gak\sin\chi \int_L x\sin(kx\cos\chi - \omega_e t)\,\mathrm{d}x \iint_A \mathrm{e}^{kz}\cos(ky\sin\chi)\,\mathrm{d}A
\end{cases}
\tag{2-55}
$$

在保证一定精度的前提下开展简化计算,将船长 L、船宽 B、吃水 d_{m}、方形系数 C_{b} 的船舶等效为长为 $L' = L \times C_{\mathrm{b}}$、宽为 B、高为 d_{m} 的长方形箱体计算,如图 2-11 所示。

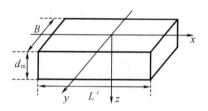

图 2-11 箱体示意图

按照箱体船的假设,对式(2-55)求解积分并做部分简化,得到一阶波浪力的近似计算公式,如下所示。

$$
\begin{cases}
X_{\mathrm{W}} = \dfrac{4\rho g a}{k^2 \sin\chi}(1 - \mathrm{e}^{-kd_{\mathrm{m}}})\sin\dfrac{kL\cos\chi}{2}\sin\dfrac{kB\sin\chi}{2}\sin(\omega_e t) \\[4mm]
Y_{\mathrm{W}} = \dfrac{4\rho g a}{k^2 \cos\chi}(1 - \mathrm{e}^{-kd_{\mathrm{m}}})\sin\dfrac{kL\cos\chi}{2}\sin\dfrac{kB\sin\chi}{2}\sin(\omega_e t) \\[4mm]
Z_{\mathrm{W}} = -\dfrac{4\rho g a}{k^2 \sin\chi\cos\chi}(1 - \mathrm{e}^{-kd_{\mathrm{m}}})\sin\dfrac{kL\cos\chi}{2}\sin\dfrac{kB\sin\chi}{2}\cos(\omega_e t) \\[4mm]
K_{\mathrm{W}} = -\dfrac{4\rho g a}{k^2 \cos\chi}(1 - \mathrm{e}^{-kd_{\mathrm{m}}})\sin\dfrac{kL\cos\chi}{2}\sin\dfrac{kB\sin\chi}{2}\sin(\omega_e t)\cdot z_{\mathrm{b}} + \\[4mm]
\quad \dfrac{2\rho g a}{k\cos\chi}(1 - \mathrm{e}^{-kd_{\mathrm{m}}})\sin\dfrac{kL\cos\chi}{2}\sin(\omega_e t)\left(\dfrac{2\sin\dfrac{kB\sin\chi}{2}}{k^2 \sin^2\chi} - \dfrac{B\cos\dfrac{kB\sin\chi}{2}}{k\sin\chi}\right) \\[4mm]
M_{\mathrm{W}} = \dfrac{2\rho g a}{k\sin\chi}(1 - \mathrm{e}^{-kd_{\mathrm{m}}})\sin\dfrac{kB\sin\chi}{2}\sin(\omega_e t)\left(\dfrac{2\sin\dfrac{kL\cos\chi}{2}}{k^2 \cos^2\chi} - \dfrac{L\cos\dfrac{kB\cos\chi}{2}}{k\cos\chi}\right) \\[4mm]
N_{\mathrm{W}} = -\dfrac{2\rho g a}{k}(1 - \mathrm{e}^{-kd_{\mathrm{m}}})\sin\dfrac{kB\sin\chi}{2}\cos(\omega_e t)\left(\dfrac{2\sin\dfrac{kL\cos\chi}{2}}{k^2 \cos^2\chi} - \dfrac{L\cos\dfrac{kB\cos\chi}{2}}{k\cos\chi}\right)
\end{cases}
\tag{2-56}
$$

2.4.2.2　二阶波浪力模型

波浪主扰力的高阶小量 $0.5\rho(u^2+v^2+w^2)$ 会产生二阶波浪力。二阶波浪力数值较小,但长时间作用会改变船舶航向和航迹。波浪漂移力的大小与波幅 a 的平方成比例,Daidola 提出下列二阶波浪力的计算方法:

$$
\begin{cases}
X_{\mathrm{WD}} = \dfrac{1}{2}\rho g L a^2 \cos\chi\, C_{X_{\mathrm{WD}}}\left(\dfrac{\lambda}{L}\right) \\[4mm]
Y_{\mathrm{WD}} = \dfrac{1}{2}\rho g L a^2 \sin\chi\, C_{Y_{\mathrm{WD}}}\left(\dfrac{\lambda}{L}\right) \\[4mm]
N_{\mathrm{WD}} = \dfrac{1}{2}\rho g L^2 a^2 \sin\chi\, C_{N_{\mathrm{WD}}}\left(\dfrac{\lambda}{L}\right)
\end{cases}
\tag{2-57}
$$

式中,$C_{X_{\mathrm{WD}}}$,$C_{Y_{\mathrm{WD}}}$,$C_{N_{\mathrm{WD}}}$ 是关于波长 λ 和船长 L 的试验系数,具体如下式所示:

$$
\begin{cases}
C_{X_{\mathrm{WD}}} = 0.05 - 0.2\left(\dfrac{\lambda}{L}\right) + 0.75\left(\dfrac{\lambda}{L}\right)^2 - 0.51\left(\dfrac{\lambda}{L}\right)^3 \\[4mm]
C_{Y_{\mathrm{WD}}} = 0.46 + 6.83\left(\dfrac{\lambda}{L}\right) - 15.65\left(\dfrac{\lambda}{L}\right)^2 + 8.44\left(\dfrac{\lambda}{L}\right)^3 \\[4mm]
C_{N_{\mathrm{WD}}} = -0.11 + 0.68\left(\dfrac{\lambda}{L}\right) - 0.79\left(\dfrac{\lambda}{L}\right)^2 + 0.21\left(\dfrac{\lambda}{L}\right)^3
\end{cases}
\tag{2-58}
$$

2.4.3　螺旋桨推力建模

螺旋桨是一种常见的将主机功率转化为推进力的装置,广泛应用于各种轮船、飞机、潜艇的推进装置,主要由螺旋形的桨叶与中央的桨毂构成。螺旋桨的形状、直径、转数等都会影响螺旋桨推力的大小。

螺旋桨推力在只考虑螺旋桨纵向推力的情况下,形式如下:

$$X_P = (1-t_P)T \qquad (2-59)$$

式中　T——螺旋桨推力,单位是 N;

　　　t_P——推力减额系数。

T 可以用下式表示:

$$T = \rho n_P^2 D_P^4 K_T(J_P) \qquad (2-60)$$

式中　n_P——螺旋桨转速,单位是 r/s;

　　　D_P——螺旋桨直径,单位是 m;

　　　K_T——推力系数。

根据螺旋桨模型的敞水试验绘制出敞水特性曲线,再由计算机拟合成进速系数 J_P 的函数,$K_T(J_P)$ 如下式所示:

$$K_T(J_P) = k_0 + k_1 J_P + k_2 J_P^2 \qquad (2-61)$$

式中　k_0、k_1 和 k_2——船舶试验拟合系数,其进速系数 J_P 可以用下式表示:

$$J_P = \frac{V_A}{n_P D_P} \qquad (2-62)$$

式中　V_A——螺旋桨的进速,$V_A = u(1-w_P)$,单位是 m/s。

　　　w_P——螺旋桨的有效伴流分数,通常与直航时的有效伴流分数 w_{P0} 有关:

$$w_P = w_{P0} \exp(-4.0\beta_P^2) \qquad (2-63)$$

其中　β_P——螺旋桨处的漂角,单位是 rad,可以用下式计算:

$$\beta_P = \beta + x_P' r' \qquad (2-64)$$

式中　β——船舶重心处的漂角,单位是 rad;

　　　x_P'——螺旋桨无因次纵向位置;

　　　r'——船舶艏摇角速度无因次值,单位是 rad/s。

2.4.4　舵力建模

船舶在航行中,主要通过操作舵机来改变行驶方向,当舵机转过一定角度时,船向前航行,舵面会受到水流带来的压力,对船产生一个力矩,实现船舶的转向。舵所受的水动力表示如下:

$$\begin{cases} X_R = -(1-t_R)F_N \sin \delta \\ Y_R = -(1+a_H)F_N \cos \delta \\ N_R = -(x_R + a_H x_H)F_N \cos \delta \\ K_R = -(1+a_H)z_R F_N \cos \delta \end{cases} \qquad (2-65)$$

式中　F_N——舵正压力,此处不考虑切向力作用,单位是 N;

　　　δ——舵角,单位是(°);

　　　t_R 和 a_H——舵的阻力减额系数和操舵导致的船体横向力的修正因子,计算方法如下:

$$
\begin{cases}
a_{H0} = 0.678\ 4 - 1.337\ 4C_b + 1.889\ 1C_b^2 \\
a_H = \begin{cases} a_{H0} \cdot J/0.3 & J \leqslant 0.3 \\ a_{H0} & J > 0.3 \end{cases} \\
(1 - t_R) = 0.738\ 2 - 0.053\ 9C_b + 0.175\ 5C_b^2 \\
x_H = -L \cdot (0.4 + 0.1C_b)
\end{cases}
\tag{2-66}
$$

舵的正压力 F_N 可以用下式计算：

$$
F_N = \frac{1}{2}\rho f_a A_R U_R^2 \sin \alpha_R
\tag{2-67}
$$

式中　f_a——舵的升力梯度系数；

　　　A_R——舵面积，单位是 m^2；

　　　U_R——流入舵的合速度，单位是 m/s；

　　　α_R——有效冲角，单位是(°)。

以上参数可以表达如下：

$$
\begin{cases}
f_a = \dfrac{6.13\varLambda}{\varLambda + 2.25} \\[2mm]
U_R = \sqrt{u_R^2 + v_R^2} \\[2mm]
\alpha_R = \delta - \arctan\left(\dfrac{v_R}{u_R}\right)
\end{cases}
\tag{2-68}
$$

式中　$\varLambda$——舵的长宽比；

　　　u_R 和 v_R——舵的纵向速度分量和横向速度分量，单位是 m/s，由下式计算：

$$
\begin{cases}
u_R = \varepsilon u(1 - w_P)\sqrt{\eta\left[1 + \kappa\left(\sqrt{1 + \dfrac{8K_T}{\pi J_P^2}} - 1\right)\right]^2 + (1 - \eta)} \\[3mm]
v_R = U\gamma_R\beta_R
\end{cases}
\tag{2-69}
$$

式中　ε——舵位置处的尾流分数，可以由试验测得；

　　　η——桨径和舵高的比值；

　　　κ——一个常数，$\kappa = 0.6/\varepsilon$；

　　　U——船体的合速度，$U = \sqrt{u^2 + v^2}$，单位是 m/s；

　　　γ_R——舵的整流系数；

　　　β_R——舵处的漂角，单位是 rad。

以上变量具体数值和表达式如下：

$$
\begin{cases}
\varepsilon = \dfrac{1 - w_R}{1 - w_P} \approx -156.2(C_b B/L)2 + 41.6(C_b B/L) - 1.76 \\[3mm]
\eta = \dfrac{D_P}{H_R} \\[3mm]
\beta_R = \beta + l_R' r' \\[2mm]
\gamma_R = -22.2(C_b B/L)^2 + 0.02C_b B/L + 0.68
\end{cases}
\tag{2-70}
$$

式中　w_R——舵的有效伴流分数；

　　　l'_R——经试验修正后舵的无因次纵向坐标。

2.4.5　船舶航行水动力建模

船体水动力由两部分组成，分别为惯性力和黏性力，惯性力表现为流体保持原有运动状态，黏性力表现为流体内部出现内摩擦力对船舶产生的阻力，可用下式表示：

$$\begin{cases} X_H = X_I + X_{HL} \\ Y_H = Y_I + Y_{HL} \\ Z_H = Z_I + Z_{HL} \\ K_H = K_I + K_{HL} \\ M_H = M_I + M_{HL} \\ N_H = N_I + N_{HL} \end{cases} \tag{2-71}$$

式中　下角标 I 和 HL——惯性类流体动力和黏性类流体动力。

2.4.5.1　惯性类流体动力模型

船舶在理想流体中做非定常运动时所受到的水动力的大小与物体运动的加速度成比例，方向与加速度方向相反，比例常数称为附加质量，用 λ_{ij} 表示，该物理量表示在 i 方向船舶以单位（角）速度运动时，在 j 方向所受到的流体惯性力，因此船舶的附加质量可表示为下式：

$$\boldsymbol{\lambda}_{ij} = \begin{bmatrix} \lambda_{11} & \lambda_{12} & \lambda_{13} & \lambda_{14} & \lambda_{15} & \lambda_{16} \\ \lambda_{21} & \lambda_{22} & \lambda_{23} & \lambda_{24} & \lambda_{25} & \lambda_{26} \\ \lambda_{31} & \lambda_{32} & \lambda_{33} & \lambda_{34} & \lambda_{35} & \lambda_{36} \\ \lambda_{41} & \lambda_{42} & \lambda_{43} & \lambda_{44} & \lambda_{45} & \lambda_{46} \\ \lambda_{51} & \lambda_{52} & \lambda_{53} & \lambda_{54} & \lambda_{55} & \lambda_{56} \\ \lambda_{61} & \lambda_{62} & \lambda_{63} & \lambda_{64} & \lambda_{65} & \lambda_{66} \end{bmatrix} \tag{2-72}$$

本书研究对象"海豚 1"试验船关于中纵剖面对称，因此当船舶在平行于对称面方向运动时，其所受到的流体压力也是对称的，即此时流体动力的合力在 y 轴上的投影为零，合力对 x 轴和 z 轴的力矩也为零，可用下式表示：

（1）沿 x 轴移动：$\lambda_{12} = \lambda_{14} = \lambda_{16} = 0$

（2）绕 z 轴转动：$\lambda_{32} = \lambda_{34} = \lambda_{36} = 0$

（3）绕 y 轴转动：$\lambda_{52} = \lambda_{54} = \lambda_{56} = 0$

由势流理论可得 $\boldsymbol{\lambda}_{ij} = \boldsymbol{\lambda}_{ji}$，因此附加质量矩阵可表示为下式：

$$\boldsymbol{\lambda}_{ij} = \begin{bmatrix} \lambda_{11} & 0 & \lambda_{13} & 0 & \lambda_{15} & 0 \\ 0 & \lambda_{22} & 0 & \lambda_{24} & 0 & \lambda_{26} \\ \lambda_{31} & 0 & \lambda_{33} & 0 & \lambda_{35} & 0 \\ 0 & \lambda_{42} & 0 & \lambda_{44} & 0 & \lambda_{46} \\ \lambda_{51} & 0 & \lambda_{53} & 0 & \lambda_{55} & 0 \\ 0 & \lambda_{62} & 0 & \lambda_{64} & 0 & \lambda_{66} \end{bmatrix} \tag{2-73}$$

船舶在波浪扰动中的运动动能为

$$T = \frac{1}{2}(\lambda_{11}u^2 + \lambda_{22}v^2 + \lambda_{33}w^2 + \lambda_{44}p^2 + \lambda_{55}q^2 + \lambda_{66}r^2 + 2\lambda_{13}uw + 2\lambda_{15}uq + 2\lambda_{24}vp + 2\lambda_{26}vr + 2\lambda_{35}wq +$$

$$2\lambda_{46}pr) \tag{2-74}$$

波浪扰动运动的动量 H_i 与船舶运动动能 T 的关系如下式所示：

$$H_i = \frac{\partial T}{\partial v_i} \quad (i = 1, 2, \cdots, 6) \tag{2-75}$$

根据上面两式可得流体动量和动量矩在船舶本体坐标系下的投影,可用如下方程加以表示：

$$\begin{cases} H_1 = H_x = \dfrac{\partial T}{\partial u} = \lambda_{11}u + \lambda_{13}w + \lambda_{15}q \\[2mm] H_2 = H_y = \dfrac{\partial T}{\partial v} = \lambda_{22}v + \lambda_{24}p + \lambda_{26}r \\[2mm] H_3 = H_z = \dfrac{\partial T}{\partial w} = \lambda_{33}w + \lambda_{13}u + \lambda_{35}q \\[2mm] H_4 = L_x = \dfrac{\partial T}{\partial p} = \lambda_{44}p + \lambda_{24}v + \lambda_{46}r \\[2mm] H_5 = L_y = \dfrac{\partial T}{\partial q} = \lambda_{55}q + \lambda_{15}u + \lambda_{35}w \\[2mm] H_6 = L_z = \dfrac{\partial T}{\partial r} = \lambda_{66}r + \lambda_{26}v + \lambda_{46}p \end{cases} \tag{2-76}$$

船体所受惯性类水动力 F_1 和力矩 M_1 如下所示：

$$\begin{cases} F_1 = -\dfrac{\mathrm{d}H}{\mathrm{d}t} \\[3mm] M_1 = -\dfrac{\mathrm{d}L}{\mathrm{d}t} \end{cases} \tag{2-77}$$

在上面两式的基础上,有下式成立：

$$-X_1 = \frac{\mathrm{d}H_x}{\mathrm{d}t} + qH_z - rH_y = \lambda_{11}\dot{u} + \lambda_{13}\dot{w} + \lambda_{15}\dot{q} + \lambda_{33}wq + \lambda_{13}uq + \lambda_{35}q^2 - \lambda_{22}vr - \lambda_{24}pr - \lambda_{26}r^2 \tag{2-78}$$

$$-Y_1 = \frac{\mathrm{d}H_y}{\mathrm{d}t} + rH_x - pH_z\lambda_{22}\dot{v} + \lambda_{24}\dot{p} + \lambda_{26}\dot{r} + \lambda_{11}ur + \lambda_{13}wr + \lambda_{15}qr - \lambda_{33}wp - \lambda_{13}up - \lambda_{35}pq \tag{2-79}$$

$$-Z_1 = \frac{\mathrm{d}H_z}{\mathrm{d}t} + pH_y - qH_x\lambda_{33}\dot{w} + \lambda_{13}\dot{u} + \lambda_{35}\dot{q} + \lambda_{22}vp + \lambda_{24}p^2 + \lambda_{26}pr - \lambda_{11}uq - \lambda_{13}wq - \lambda_{15}q^2 \tag{2-80}$$

$$-K_{I} = \frac{dL_x}{dt} + (qL_z - rL_y) + (vH_z - wH_y)$$

$$= \lambda_{44}\dot{p} + \lambda_{24}\dot{v} + \lambda_{46}\dot{r} + (\lambda_{66} - \lambda_{55})qr + (\lambda_{26} + \lambda_{35})vq + \lambda_{46}pq - \lambda_{15}ur + \lambda_{33}vw + \lambda_{13}uv - \lambda_{22}vw - \lambda_{24}wp - (\lambda_{35} + \lambda_{26})wr \tag{2-81}$$

$$-M_{I} = \frac{dL_y}{dt} + (rL_x - pL_z) + (wH_x - uH_z)$$

$$= \lambda_{55}\dot{q} + \lambda_{15}\dot{u} + \lambda_{35}\dot{w} + (\lambda_{44} - \lambda_{66})pr + \lambda_{24}vr + \lambda_{46}r^2 - \lambda_{26}vp - \lambda_{46}p^2 + (\lambda_{11} - \lambda_{33})uw + \lambda_{13}w^2 + \lambda_{15}wq - \lambda_{13}u^2 - \lambda_{35}uq \tag{2-82}$$

$$-N_{I} = \frac{dL_z}{dt} + (pL_y - qL_x) + (uH_y - vH_x)$$

$$= \lambda_{66}\dot{r} + \lambda_{26}\dot{v} + \lambda_{46}\dot{p} + (\lambda_{55} - \lambda_{44})pq + (\lambda_{15} + \lambda_{24})up + \lambda_{35}wp - \lambda_{46}qr + (\lambda_{22} - \lambda_{11})uv + \lambda_{26}ur - \lambda_{13}vw - (\lambda_{24} + \lambda_{15})vq \tag{2-83}$$

由于附加质量相对于船舶质量、附加转动惯量相对于船舶转动惯量均略小,故可忽略一些对于计算结果影响较小的惯性类水动力,因此上式可进一步简化为

$$\begin{cases} -X_I = \lambda_{11}\dot{u} + \lambda_{33}wq - \lambda_{22}vr \\ -Y_I = \lambda_{22}\dot{v} + \lambda_{11}ur - \lambda_{33}wp \\ -Z_I = \lambda_{33}\dot{w} + \lambda_{22}vp - \lambda_{11}uq \\ -K_I = \lambda_{44}\dot{p} + (\lambda_{66} - \lambda_{55})qr + (\lambda_{33} - \lambda_{22})vw \\ -M_I = \lambda_{55}\dot{q} + (\lambda_{44} - \lambda_{66})pr + (\lambda_{11} - \lambda_{33})uw \\ -N_I = \lambda_{66}\dot{r} + (\lambda_{55} - \lambda_{44})pq + (\lambda_{22} - \lambda_{11})uv \end{cases} \tag{2-84}$$

根据多元回归分析可得船舶平面运动估算公式,如下式所示:

$$\frac{\lambda_{11}}{m} = \frac{1}{100}\left[0.398 + 11.97C_b\left(1 + 3.73\frac{d}{B}\right) - 2.89C_b\frac{L}{B}\left(1 + 1.13\frac{d}{B}\right) + \right.$$

$$\left. 0.175C_b\left(\frac{L}{B}\right)^2\left(1 + 0.541\frac{d}{B}\right) - 1.107\frac{L}{B}\frac{d}{B}\right] \tag{2-85}$$

$$\frac{\lambda_{22}}{m} = 0.882 - 0.54C_b\left(1 - 1.6\frac{d}{B}\right) - 0.156\frac{L}{B}(1 - 0.673C_b) + 0.826\frac{d}{B}\frac{L}{B}\left(1 - 0.678\frac{d}{B}\right) - $$

$$0.638C_b\frac{d}{B}\frac{L}{B}\left(1 - 0.669\frac{d}{B}\right) \tag{2-86}$$

$$\frac{\lambda_{66}}{mL^2} = \left\{\frac{1}{100}\left[33 - 76.85C_b(1 - 0.784C_b) + 3.43\frac{L}{B}(1 - 0.63C_b)\right]\right\}^2 \tag{2-87}$$

另外,附加惯性矩 λ_{44} 与转动惯性矩 I_x,可采用霍夫哥阿德公式估算:

$$I_x + \lambda_{44} = \frac{\Delta}{g}\rho_\varphi^2 \tag{2-88}$$

式中 Δ——排水质量;

    g——重力加速度;

    ρ_φ——横摇惯性半径,$\rho_\varphi = CB$,其中 C 为经验系数,可用下式估计:

$$C = 0.308\ 5 + 0.022\ 7\frac{B}{T} - 0.004\ 3\frac{L}{100} \tag{2-89}$$

其余参数估算公式如下所示:

$$\begin{cases} \lambda_{33} = 0.8H_0^* C_{\mathrm{W}} m \\ \lambda_{55} = I_{yy} = 0.83H_0^* C_{\mathrm{P}}^2 (0.25L)^2 m \end{cases} \tag{2-90}$$

式中 C_{W}——水线面系数;

$\qquad C_{\mathrm{P}}$——棱形系数;

$\qquad H_0^* = B/2d_{\mathrm{m}}$。

2.4.5.2 黏性类流体动力模型

1. 纵向流体动力、横向流体动力、艏摇流体动力

纵向流体动力、横向流体动力、艏摇流体动力以及力矩的计算,可由"井上模型"计算获得,具体如下所示:

$$\begin{cases} X_{\mathrm{H}} = \frac{1}{2}\rho L d V^2 \left[X'(u') + X'_{vv}v'^2 + X'_{vr}v'r' + X'_{rr}r'^2 \right] \\ Y_{\mathrm{H}} = \frac{1}{2}\rho L d V^2 (Y'_v v' + Y'_r r' + Y'_{vv}|v'|v' + Y'_{vr}|v'|r' + Y'_{rr}|r'|r') \\ N_{\mathrm{H}} = \frac{1}{2}\rho L^2 d V^2 (N'_v v' + N'_r r' + N'_{vv}|v'|v' + N'_{vvr}v'^2 r' + N'_{vrr}v'r'^2) \end{cases} \tag{2-91}$$

式中 V——船舶运动合速度;

$\qquad X'(u')$——静水阻力系数;

$\qquad X'_{vv}$、X'_{vr}、X'_{rr}——无因次的操纵性水动力导数;

其余无因次参数为无量纲形式,具体如下:

$$v' = v/V,\ u' = u/V,\ r' = rL_{\mathrm{pp}}/V,\ X = \frac{1}{2}\rho L d V^2 X',\ N = \frac{1}{2}\rho L^2 d V^2 N'$$

静水阻力系数 $X'(u')$ 可由以下经验公式计算:

$$X'(u') = -\frac{S}{Ld_{\mathrm{m}}}C_{\mathrm{t}}u'^2 \tag{2-92}$$

C_{t} 为船体总阻力系数,由下式计算:

$$C_{\mathrm{t}} = C_{\mathrm{f}} + C_r + \Delta C_{\mathrm{AR}} \tag{2-93}$$

式(2-93)中各参数由下式计算:

$$C_{\mathrm{f}} = \frac{0.066}{(\lg R_{\mathrm{n}} - 2.03)^2}$$

$$R_{\mathrm{n}} = VL/\nu$$

$$C_r = (0.006\ 7V^4 - 0.166V^3 + 1.553V^2 - 6.369\ 9V + 10.02) \cdot 0.85/0.95 \cdot 10^{-3}$$

式中,ν 为流体运动黏性系数,是流体的动力黏性系数与其密度的比值,可通过查表获取,C_r 与 ΔC_{AR} 可通过试验近似估计。纵向流体动力、横向流体动力、转船流体动力公式中其他无因次量可参见井上模型,此处不做赘述。

2. 横摇流体动力

船舶横摇的非惯性水动力矩可用下式表示:

$$L_V = -2L_\varphi \dot{\varphi} - \Delta \cdot GZ(\varphi) - Y_H \cdot Z_H \tag{2-94}$$

式中,L_φ 为横摇阻尼系数,可用下式表示:

$$L_\varphi = \mu_\varphi \sqrt{(I_x + \lambda_{44}) \cdot \Delta \cdot GM} \tag{2-95}$$

$$\mu_\varphi = \frac{1}{2} \frac{0.057LB^4}{\Delta(B^2 + D^2)} \varphi_m \tag{2-96}$$

式中　GM——初稳心高;

$\quad\quad \varphi_m$——平均横摇角;

$\quad\quad D$——型深。

其他变量如下:

$$\Delta \cdot GZ(\varphi) = \Delta \cdot GM \cdot \sin\varphi \approx \Delta \cdot GM \cdot \varphi$$

$$Z_H = Z_g - [4d - B + 0.02d(B/d - 5.35)^3]$$

式中　Z_H——横向流体动力 Y_H 到船舶重心的垂直距离;

$\quad\quad Z_g$——船舶重心距基线的高度。

3. 垂荡流体动力

船舶垂荡的非惯性水动力矩可表示为下式:

$$Z_V = -Z_{\dot{z}} \dot{z} - Z_z z - Z_{\ddot{\theta}} \ddot{\theta} - Z_{\dot{\theta}} \dot{\theta} - Z_\theta \theta \tag{2-97}$$

上式中相关参数可使用经验公式求得

$$\begin{cases} Z_{\dot{z}} = \int_L N(x)\,dx = \left[5.4 \frac{C_W}{C_P} \sqrt{\frac{B}{2d_m}} - 4.7\right] \frac{\Delta}{\sqrt{gL}} \\[2mm] Z_z = \rho g A_w \\[2mm] Z_{\ddot{\theta}} = -\lambda_{33} x_G \cong 0 \\[2mm] Z_{\dot{\theta}} = -\int_L N(x)x\,dx + (\lambda_{33} - \lambda_{11})u = \frac{\rho g \nabla \cdot GM_L}{u} + (\lambda_{33} - \lambda_{11})u \\[2mm] Z_\theta = u\int_L N(x)\,dx = uZ_{\dot{z}} \\[2mm] GM_L = \frac{L^2(5.55C_W + 1)^3}{3\,450 C_b d_m} \end{cases}$$

式中　C_W——水线面系数;

$\quad\quad C_P$——菱形系数;

$\quad\quad GM_L$——纵稳心高;

$\quad\quad A_w$——水线面面积;

$\quad\quad \nabla$——排水体积,可由排水质量和水密度间接计算得到。

4. 纵摇流体动力

船舶纵摇的非惯性水动力矩可表示为下式:

$$M_V = -M_{\dot{\theta}} \dot{\theta} - M_\theta \theta - M_{\ddot{z}} \ddot{z} - M_{\dot{z}} \dot{z} - M_z z \tag{2-98}$$

相关参数使用经验公式求得

$$
\begin{cases}
M_{\dot{\theta}} = \int_L N(x)x^2\mathrm{d}x = \dfrac{0.08\Delta L^2}{\sqrt{gL}} \cdot \dfrac{B}{2d_{\mathrm{m}}} \\[2mm]
M_{\theta} = \rho g \nabla \mathrm{GM_L} \\[2mm]
M_Z = -\lambda_{11}x_{\mathrm{G}} \cong 0 \\[2mm]
M_{\dot{z}} = -\int_L N(x)x\mathrm{d}x - (\lambda_{33} - \lambda_{11})u = \dfrac{\rho g \nabla \mathrm{GM_L}}{u} - (\lambda_{33} - \lambda_{11})u \\[2mm]
M_z = \rho g A_{\mathrm{w}}X_{\mathrm{f}} \\[2mm]
\mathrm{GM_L} = \dfrac{L^2(5.55C_{\mathrm{W}} + 1)^3}{3\,450C_{\mathrm{b}}d_{\mathrm{m}}}
\end{cases}
\tag{2-99}
$$

式中相关参数中, X_{f} 为漂心的纵向坐标。

2.5　本 章 思 政

　　本章以舰载机着舰运动和船舶 6 自由度运动为例,详细论述了以上两个实例。航母是一类特殊的船舶,为此这里将以航母和舰载机均有关的王治国高工为例,开展本章的思政内容。

　　王治国,男,1977 年 9 月生,中共党员,哈尔滨工程大学船舶工程专业毕业,中国船舶集团有限公司第七〇一研究所高级工程师,航母特种装置工程副总设计师,辽宁舰系统主任设计师。

　　王治国带领团队在国内首次提出了航母工程舰机适配性的设计概念、研究范畴和设计目标,搭建了设计接口基本框架,规划了舰机适配性设计、试验和评估方法,完成了舰总体舰机适配性设计,并开展了大量适配性试验,为实现舰载机着舰和滑跃起飞等重大节点奠定了坚实技术基础。作为航母工程关键配套项目特装工程副总设计师和现场建设总负责人,他全程组织完成了从前期策划论证到后期施工试验的全部工作,为舰载机上舰前的试验和驾驶员训练提供了安全可靠的关键平台,最大限度实现了特装工程的试训集成性和技术先进性,同时大幅缩短了建设周期,节约了国家经费投入,为首艘航母辽宁舰的顺利交付做出了重要贡献,获得第十七届中国青年五四奖章。

　　王治国积极投身于我国国防事业,从工程启动开始到航母正式交付的这段时间里,王治国目睹了十几位同事累倒在岗位上,他却没有因此退缩,而是心怀憧憬地坚持着。除了他,还有千千万万的王治国在我国国防战线上奉献着。虽然现在是和平年代,但历史告诉我们:落后就要挨打,科技工作者应积极投身于我国国防事业,为中华民族伟大复兴贡献力量!

2.6　本 章 小 结

　　机理法是一种基于系统内部结构和运行机制的建模方法,通过深入分析系统的各个组成部分以及它们之间的相互作用来构建系统数学模型。本章首先介绍了机理法的基本原理和步骤,重点介绍了微分方程中的动力学、动力学机理建模方法,然后以舰载机着舰运动建模、船舶六自由度运动建模为例,介绍具体的建模过程,帮助读者理解和掌握机理法建模方法。机理法在复杂系统建模中的应用具有广泛性和实用性,尤其在理解系统和预测系统行为方面意义重大。

第3章　复杂系统行为建模技术与实例

3.1　引　　言

人与机器之间的协作是人工智能发展的重要趋势之一,在现实物理世界中,人机系统极其普遍,是典型的人机交互系统。人机系统是由人类和计算机硬件、软件共同组成的能够完成特定任务的复杂系统。在该系统中,人类负责处理和解决复杂任务,计算机负责处理烦琐和重复的任务,以达到提高效率和减少错误率的目的。人机系统不仅应用于工业制造领域,还广泛应用于交通运输、航空航天、医疗和安全等领域。在实际的应用中,人机系统的设计往往需要考虑到人类与计算机的安全性、易用性和效率等方面的需求。在未来,随着人类对人机协作需求的逐步增加,人机系统的功能和应用也将日益扩展和丰富。本章将以人机系统为例介绍复杂系统建模技术,为了方便介绍,下面将在理论描述过程中引入部分典型人机系统建模过程。

3.2　人机系统跟踪控制原理

人机系统中跟踪控制是最为典型的任务,例如驾驶员控制汽车沿预定轨迹行驶,驾驶员控制飞机跟踪期望航线等,其中驾驶员与飞机构成的人机系统结构如图3-1所示;在存在舰尾流扰动和航母运动以及引导系统提供理想下滑航迹的情况下,驾驶员根据感知到的位置、姿态和理想下滑道信息,控制飞机安全精确地跟踪理想航线。

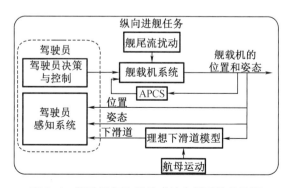

图 3-1　驾驶员与飞机构成的人机系统结构图

舰载机有油门和升降舵两个控制通道,进舰下滑航迹控制任务同时需要两个通道来完成控制。在对驾驶员行为建模时,首先明确驾驶员使用操纵杆控制飞机的姿态进而调节航迹,同时控制油门来保持空速恒定。

人机系统一般采用多回路设计方式构建数学模型,例如驾驶员模型,以单轴跟踪任务模型作为基本点,其模型结构如图 3-2 所示,图中 M 为飞机系统输出变量,$\dot{M}$ 为飞机系统输出速率变量,C 为 M 的理想值或者输入指令,K_p 和 K_r 分别为偏差 $(C-M)$ 和 $(R-\dot{M})$ 的增益,G_{nm} 代表肢体动力学模型。单轴跟踪任务驾驶员模型的控制律为

$$\delta = \left[K_p \cdot K_r \cdot (C-M) - K_r \cdot \dot{M} \right] \cdot G_{nm} \tag{3-1}$$

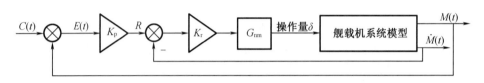

图 3-2 单轴跟踪任务模型

进一步在单轴跟踪任务模型的基础上,建立完整的多回路驾驶员模型,其模型结构如图 3-3 所示,以"o"表示外回路。

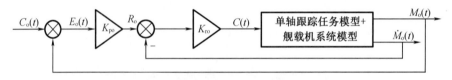

图 3-3 多回路跟踪任务模型

图 3-3 中,M_o 为舰载机系统输出变量,$\dot{M}_o$ 为舰载机系统输出速率变量,C_o 为 M_o 的理想值或者输入指令,K_{po} 和 K_{ro} 分别为偏差 (C_o-M_o) 和 $(R_o-\dot{M}_o)$ 的增益。多回路驾驶员模型的控制律为

$$\delta = \left[K_p \cdot K_r \cdot K_{po} \cdot K_{ro} \cdot (C_o-M_o) - K_p \cdot K_r \cdot K_{ro} \cdot \dot{M}_o - K_p \cdot K_r \cdot M - K_r \cdot \dot{M} \right] \cdot G_{nm}$$
$$\tag{3-2}$$

3.3 人机系统跟踪控制模型构建

人机系统行为模型一般包括视觉感受机构模型、关于速率的内回路模型和关于位置信息的外回路模型,利用四个闭环反馈形式控制系统,外回路两个闭环用于跟踪理想位置,内回路两个闭环用于控制系统位姿。

3.3.1 视觉感受机构模型

人的视觉感受机构是不可能对所有信息进行完全反应的,这受限于人的生理条件。生

理试验表明,引起人的视觉感应要满足以下三个条件:足够的刺激强度、刺激持续作用一定的时间以及刺激强度对时间有一定的变化率。人机系统中的人并不会对较小偏差做出补偿,由此说明视觉感受机构是存在阈值的,阈强与对应刺激持续时间的变化曲线如图 3-4 所示,可以发现当时间长于 R_1 后,阈强不再受时间的影响,当时间短于某一值时,人不能对刺激进行察觉。

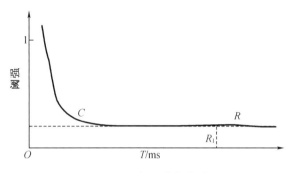

图 3-4　阈强变化曲线

根据对人视觉特性的分析,阈值的非线性用神经网络感知器单元来描述,例如驾驶员视觉感受机构模型如图 3-5 所示,其中,$W(1,1)$ 为实际显示值 e 对应的权值,此处取值为 1,因而实际显示值 e 的绝对值和阈值 ε 作为感知器单元的输入,当前者小于后者时,其输出 ζ 为 0,相反输出 ζ 为 1,如下式描述:

$$\zeta = \begin{cases} 0 & (\,|e| < \varepsilon) \\ 1 & (\,|e| \geqslant \varepsilon) \end{cases} \tag{3-3}$$

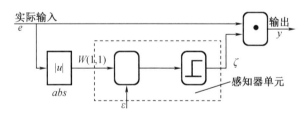

图 3-5　驾驶员视觉感受机构模型

驾驶员视觉感受机构模型的输出为感知器单元输出 ζ 与实际显示值 e 点乘的结果,具体表示为

$$y = \zeta \cdot e = \begin{cases} 0 & (\,|e| < \varepsilon) \\ e & (\,|e| \geqslant \varepsilon) \end{cases} \tag{3-4}$$

添加带有视觉感受机构的进舰驾驶员跟踪控制模型的整体结构图如图 3-6 所示,引入阈值的描述真实地反映了驾驶员的感受控制过程,具体表现为:当实际显示量低于阈值时,驾驶员感知不到从而不做响应,当实际显示量高于阈值时,驾驶员能够正常感知而做出响应,这也体现了视觉感受机构模块的特性。需要注意的是,这里建立驾驶员视觉感受机构

模型时,省略了一些次要的因素,例如驾驶员感知过程中的一些不确定量等,在建模时一般用白噪声来描述。

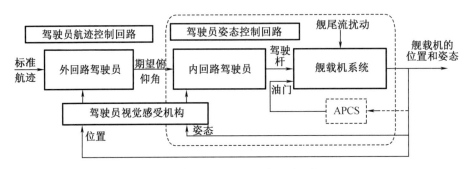

图 3-6　添加视觉感受机构后的结构图

3.3.2　关于姿态和速率偏差的内回路模型

人机系统中内回路一般控制"机"的姿态角和角速度,模型结构包括"人"的肢体动力学模型 G_{nm}、内环增益 $K_{\theta i}$ 和外环增益 $K_{\theta o}$,以内回路驾驶员模型为例,结构如图 3-7 所示。内回路驾驶员模型的控制律如下式所示,其中 θ_{com} 为俯仰角指令。

$$\delta = \left[K_{\theta o} \cdot K_{\theta i} \cdot (\theta_{com} - \theta) - K_{\theta i} \cdot \dot{\theta} \right] \cdot G_{nm} \tag{3-5}$$

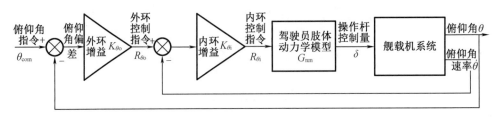

图 3-7　内回路驾驶员模型结构

内回路模型实质上是一个校准控制模型,对姿态角偏差的控制通过外环控制指令 $R_{\theta o}$ 实现,对姿态角速度的控制通过内环控制指令 $R_{\theta i}$ 实现。确定内环增益参数 $K_{\theta i}$ 的方法有两种。第一种方法为,确定 $K_{\theta i}$ 使闭环传递函数 $\dot{\theta}(s)/R_{\theta o}(s)$ 的中频幅值与闭环频率峰值之差小于 10 dB,确定的依据是 $\dot{\theta}(s)/R_{\theta o}(s)$ 的频率特性;第二种方法为,确定 $K_{\theta i}$ 使 $\dot{\theta}(s)/R_{\theta o}(s)$ 所有震荡模态阻尼比的最小值都高于 0.15。以飞机系统为例,这里采用试验法测量系统的频率特性,选取频率范围在 0~100 rad/s 之间的 20 个正弦输入信号,测量每种情况下的幅度和相角,根据测得数据拟合为频率特性曲线。当选取 $K_{\theta i} = 0.95$ 时,系统具有满意的性能,如图 3-8 所示为 $\dot{\theta}(s)/R_{\theta o}(s)$ 的闭环频率特性曲线。

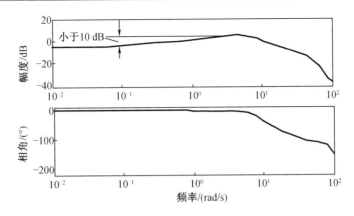

图 3-8　$\dot{\theta}(s)/R_{\theta_0}(s)$ 的闭环频率特性曲线

确定外环增益 K_{θ_0} 的方法为,使开环传递函数 $G_{PA}(s)=\theta(s)/\theta_{com}(s)$ 在转角频率附近为 (ω_c,τ_c) 双参数模型,即如下式所描述的形式,此模型形成于试验的统计学结果。

$$G_{PA}(s)=\frac{\omega_c}{s}e^{-\tau_c s} \tag{3-6}$$

式中　ω_c——转角频率;

　　　τ_c——延迟时间。

实际上,转角频率 ω_c 表征的是驾驶员适应舰载机性能的程度,对正常水平的驾驶员来说,其取值范围为 1.5~3.5 rad/s,通常转角频率的标准值取为 2 rad/s,这时可以忽略 τ_c 的影响。因此,确定外环增益时,使开环传递函数 $G_{PA}(s)$ 的转角频率接近于标准值且具有积分环节的特性即可。积分环节特性如下式所示:

$$G_{PA}(s)=\frac{\omega_c}{s} \tag{3-7}$$

但实际中,由于舰载机飞行控制系统的延迟,转角频率达不到 2 rad/s 的要求,和积分环节特性并不能完全匹配。此时,选取 K_{θ_0} 的方法为:在已知 $\dot{\theta}(s)/R_{\theta_0}(s)$ 特性的基础上,使外环具有足够的稳定裕度。当选取 $K_{\theta_0}=1.70$ 时满足要求,此时同样用试验法画出 $\theta(s)/\theta_{com}(s)$ 的开环频率特性曲线如图 3-9 所示。

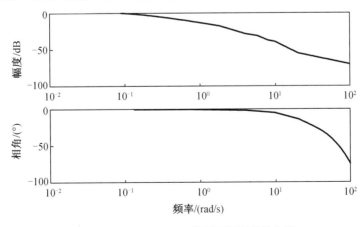

图 3-9　$\theta(s)/\theta_{com}(s)$ 的开环频率特性曲线

3.3.3 关于位置偏差的外回路模型

外回路模型的控制目标是使"机"跟踪理想轨迹的变化,符合跟踪任务模型的特征描述。采用多回路跟踪任务模型结构,以驾驶员为例,外回路模型结构如图 3-10 所示,包括内环增益 K_{hi}、外环增益 K_{ho} 和限幅环节。

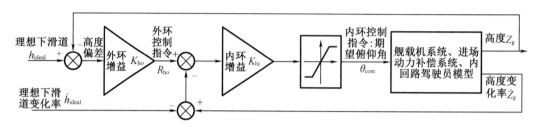

图 3-10 外回路驾驶员模型结构

进行限幅的原因是避免姿态偏离严重的问题出现,因此外回路驾驶员模型的控制率如下式所示:

$$\delta = \left[K_{\theta o} \cdot K_{\theta i} \cdot K_{ho} \cdot K_{hi} \cdot (h_{ideal} - Z_g) + K_{\theta o} \cdot K_{\theta i} \cdot K_{hi} \cdot (\dot{h}_{ideal} - \dot{Z}_g) - K_{\theta o} \cdot K_{\theta i} \cdot \theta - K_{\theta i} \cdot \dot{\theta} \right] \cdot G_{nm}$$

$$(3-8)$$

式中 h_{ideal}——理想下滑道高度,m;

      $\dot{h}_{ideal}$——理想下滑道高度变化率,m/s;

      $\dot{Z}_g$——舰载机航迹高度变化率,m/s;

      Z_g——舰载机航迹高度,m。

本节主要介绍了人机系统中跟踪控制模型的构建方法,下面将在此基础上介绍利用自适应神经模糊网络构建驾驶员的行为模型。

3.4 舰载机驾驶员着舰行为建模实例

本节以舰载机驾驶员行为模型为例开展介绍,驾驶员针对舰载机的纵向进舰任务,综合考虑舰尾流的扰动、航母的运动以及引导系统提供的理想下滑道,利用自适应神经模糊推理系统(adaptive neuro-fuzzy inference system,ANFIS)的方法,建立基于飞行数据的进舰航迹修正驾驶员模型,称为驾驶员自适应神经模糊推理系统模型,并将其应用到舰载机进舰过程中,验证模型的有效性。ANFIS 是神经网络与模糊推理系统的有机结合,是一种基于数据建模的方法,具有通用性。ANFIS 集神经网络和模糊推理系统的优点于一身,既不需要掌握精确的被控对象模型,又具有自学习和控制精度高的特点。建立驾驶员 ANFIS 模型需要解决的问题有:模型结构的确定、学习样本的提取、模型内部参数的训练以及具体到进舰控制中的应用等。

明确驾驶员模型的控制结构,关系到系统性能是否能良好实现以及其他一些客观因素的制约性等。在模糊系统中,通用的三种形式的模型控制器如图 3-11 所示。

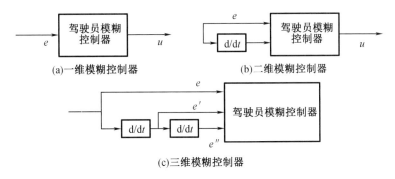

(a)一维模糊控制器　　　　　　(b)二维模糊控制器

(c)三维模糊控制器

图 3-11 三种形式的模糊控制器

三种形式的模糊控制器,其输入量的个数依次增加,相应的性能也依次变好,但是受控制规则复杂性和控制算法实现的限制,三维模糊控制器应用较少,目前应用最广泛的是二维模糊控制器,被控对象的动态特性能够较好地被反映出来,其输入量为偏差值与偏差值的变化率。本书驾驶员 ANFIS 模型也选用这种形式,两个输入分别为舰载机航迹高度与理想下滑道高度的偏差以及偏差的变化率。

跟踪控制任务就是驾驶员施行操控使舰载机按照指令的要求进行响应。而所谓"补偿控制任务"是驾驶员实施操控使舰载机保持原定的飞行状态,图 3-12 和图 3-13 分别描述了执行两种任务时驾驶员可获取的信息显示形式,主要区别在于:执行前者时驾驶员可以同时获得参考指令变量 $C(t)$ 和系统输出变量 $M(t)$ 从而得到系统误差 $E(t)$,而执行后者时驾驶员只能获得系统偏差 $E(t)$。

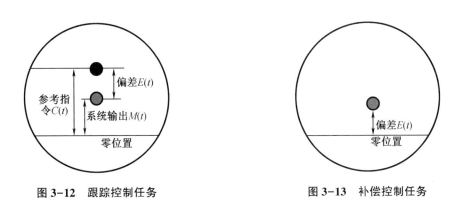

图 3-12 跟踪控制任务　　　　　　图 3-13 补偿控制任务

3.4.1 驾驶员 ANFIS 模型

在进行驾驶员 ANFIS 模型的训练前,必须加载训练学习时所使用的数据矩阵。在第 3 章模型的基础上获得所需的输入、输出数据,这样做出于两个方面的考虑:一是由于实际条件的限制不能得到真实数据,而驾驶员跟踪控制模型能够体现驾驶员的控制过程和特性;二是方便对所建立模型与已知模型的控制效果进行对比评价。驾驶员 ANFIS 模型的两个输入分别是航迹高度偏差($x_1 = h_{ideal} - Z_g$)和偏差的变化率($x_2 = V_{zg}$),一个输出为驾驶杆的操纵量。采样时间为 40 s,样本数量为 1 440 个,数据文件的内部以列存储输入/输出数据,即每一行前两个代表输入,最后一个代表输出。并注意将取得的训练数据存为. dat 文件格式,方便后续进行加载。

ANFIS 是一个复杂的系统,其模糊规则的后件有两种表现形式,一种是输出量的模糊集合,另外一种是输入量的函数,输入量的线性函数是其典型的形式,其规则形式为

$$\begin{aligned} \text{if} \quad & x_1 \in E_i, x_2 \in R_j \\ \text{then} \quad & y_k = p_k x_1 + q_k x_2 + r_k \end{aligned}$$

(3-9)

式中　p_k、q_k、r_k——常数;

　　　x_1、x_2——输入变量;

　　　y_k——每条规则下的输出变量。

本书设计的系统每个输入量的模糊子集均为 7 个,在其推理规则中,共有待定的隶属度函数中的参数 a_i、b_i、c_j、d_j(前件参数)28 个和线性输出参数 p_k、q_k、r_k(后件参数)147 个。仅凭借经验是难以确定如此多的未知参数的,因此首先应明确 ANFIS 的等效神经网络结构,然后采用算法来训练这些参数得到驾驶员 ANFIS 模型。

3.4.1.1　ANFIS 的等效结构

图 3-14 为 ANFIS 的等效神经网络结构图,共分为 5 层。

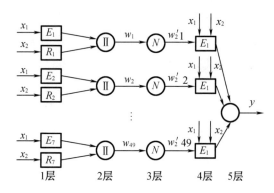

图 3-14　ANFIS 的等效神经网络结构

第一层:计算输入的隶属度,其输出表示输入 x_1、x_2 满足 E_i、R_j 的程度,最大值和最小值分别为 1 和 0。基于人的思维特性选择高斯型(gaussmf)隶属度函数:$g_{x_1 i}(x_1, a_i, b_i) = \exp\left[-\frac{1}{2}\left(\frac{x_1 - a_i}{b_i}\right)^2\right]$、$g_{x_2 j}(x_2, c_j, d_j) = \exp\left[-\frac{1}{2}\left(\frac{x_2 - c_j}{d_j}\right)^2\right]$,其中 $\{a_i, b_i, c_j, d_j\}$ 是要调节的前件参数。第一层的输出 O_{Ei}、O_{Rj} 表示为

$$O_{Ei} = g_{x_1 i}(x_1, a_i, b_i) \quad i = 1, 2, \cdots, 7 \tag{3-10}$$

$$O_{Rj} = g_{x_2 j}(x_2, c_j, d_j) \quad j = 1, 2, \cdots, 7 \tag{3-11}$$

第二层:计算每一条模糊规则的适用度,将输入信号的乘积输出。此处共有 49 条规则,每条规则的适用度 w_k 为

$$w_k = O_{Ei} \times O_{Rj} = g_{x_1 i}(x_1, a_i, b_i) \times g_{x_2 j}(x_2, c_j, d_j) \quad k = 1, 2, \cdots, 49 \tag{3-12}$$

第三层:计算每条规则适用度的归一化值,计算公式为

$$\overline{w_k} = w_k \bigg/ \sum_{k=1}^{49} w_k \quad k = 1, 2, \cdots, 49 \tag{3-13}$$

第四层:计算每一条规则的输出值,计算公式为

$$y_k = p_k x_1 + q_k x_2 + r_k \quad k = 1, 2, \cdots, 49$$

其中$\{p_k \ 、q_k \ 、r_k\}$为要调节的后件参数。

第五层:计算整个系统的总输出,即最终推理结果 y,计算公式为

$$y = \sum_{k=1}^{49} \overline{w}_k y_k \tag{3-14}$$

3.4.1.2　ANFIS 的学习算法

本书选用的 ANFIS 学习算法是混合算法,由于 BP 误差反向传播算法具有可能陷入局部最小、收敛速度慢、训练过程时间长等缺点,因此引进最小二乘算法对其进行了优化,形成 hybrid 算法,此混合算法具有收敛速度快、误差小、所需训练样本少的特点,使网络的收敛速度提高了一个数量级,有效地避免了网络陷入局部极小。下面介绍利用 hybrid 算法计算前件和后件参数的过程。

1. 最小二乘法计算后件参数部分

各条规则的输出为

$$y_k = f(x_1, x_2) = p_k x_1 + q_k x_2 + r_k \quad k = 1, 2, \cdots, 49 \tag{3-15}$$

整个 ANFIS 的输出表达式为

$$y = \sum_{k=1}^{49} w_k y_k \bigg/ \sum_{k=1}^{49} w_k \tag{3-16}$$

由上式导出:

$$y = \sum_{k=1}^{49} \overline{w}_k y_k = \sum_{k=1}^{49} \overline{w}_k (p_k x_1 + q_k x_2 + r_k) \tag{3-17}$$

对于输入的 P 组数据有

$$\begin{bmatrix} \overline{w}_1^1 x_1^1 & \overline{w}_1^1 x_2^1 & \overline{w}_1^1 & \overline{w}_2^1 x_1^1 & \overline{w}_2^1 x_2^1 & \overline{w}_2^1 & \cdots & \overline{w}_{49}^1 x_1^1 & \overline{w}_{49}^1 x_2^1 & \overline{w}_{49}^1 \\ \overline{w}_1^2 x_1^2 & \overline{w}_1^2 x_2^2 & \overline{w}_1^2 & \overline{w}_2^2 x_1^2 & \overline{w}_2^2 x_2^2 & \overline{w}_2^2 & \cdots & \overline{w}_{49}^2 x_1^2 & \overline{w}_{49}^2 x_2^2 & \overline{w}_{49}^2 \\ \vdots & \vdots & \vdots & \vdots & \vdots & \vdots & & \vdots & \vdots & \vdots \\ \overline{w}_1^P x_1^P & \overline{w}_1^P x_2^P & \overline{w}_1^P & \overline{w}_2^P x_1^P & \overline{w}_2^P x_2^P & \overline{w}_2^P & \cdots & \overline{w}_{49}^P x_1^P & \overline{w}_{49}^P x_2^P & \overline{w}_{49}^P \end{bmatrix}_{P \times 49} \times \begin{bmatrix} p_1 \\ q_1 \\ r_1 \\ \vdots \\ p_{49} \\ q_{49} \\ r_{49} \end{bmatrix} = \begin{bmatrix} y^1 \\ y^2 \\ \vdots \\ y^P \end{bmatrix} \tag{3-18}$$

将上式进行简化,设 $\boldsymbol{Y} = \boldsymbol{\Phi}\boldsymbol{\Theta}$,其中,$\boldsymbol{Y} = [y^1 \quad y^2 \quad \cdots \quad y^P]^T \in \boldsymbol{R}^P$ 是 ANFIS 模型依据输入 $x_1^l, x_2^l (l = 1, 2, \cdots, P)$ 算出的输出向量,$\boldsymbol{\Phi}$、$\boldsymbol{\Theta}$ 的表达式如下所示:

$$\boldsymbol{\Phi} = \begin{bmatrix} \overline{w}_1^1 x_1^1 & \overline{w}_1^1 x_2^1 & \overline{w}_1^1 & \overline{w}_2^1 x_1^1 & \overline{w}_2^1 x_2^1 & \overline{w}_2^1 & \cdots & \overline{w}_{49}^1 x_1^1 & \overline{w}_{49}^1 x_2^1 & \overline{w}_{49}^1 \\ \overline{w}_1^2 x_1^2 & \overline{w}_1^2 x_2^2 & \overline{w}_1^2 & \overline{w}_2^2 x_1^2 & \overline{w}_2^2 x_2^2 & \overline{w}_2^2 & \cdots & \overline{w}_{49}^2 x_1^2 & \overline{w}_{49}^2 x_2^2 & \overline{w}_{49}^2 \\ \vdots & \vdots & \vdots & \vdots & \vdots & \vdots & & \vdots & \vdots & \vdots \\ \overline{w}_1^P x_1^P & \overline{w}_1^P x_2^P & \overline{w}_1^P & \overline{w}_2^P x_1^P & \overline{w}_2^P x_2^P & \overline{w}_2^P & \cdots & \overline{w}_{49}^P x_1^P & \overline{w}_{49}^P x_2^P & \overline{w}_{49}^P \end{bmatrix} \qquad (3-19)$$

$$\boldsymbol{\Theta} = \begin{bmatrix} p_1 & q_1 & r_1 \cdots p_{49} & q_{49} & r_{49} \end{bmatrix}^{\mathrm{T}} \qquad (3-20)$$

设 $\boldsymbol{Y}^d = \begin{bmatrix} y_1^d & y_2^d & \cdots & y_P^d \end{bmatrix}^{\mathrm{T}}$，定义一个误差向量 $\boldsymbol{\lambda} = \begin{bmatrix} \lambda(1) & \lambda(2) & \cdots & \lambda(P) \end{bmatrix}^{\mathrm{T}}$。则 t 时刻的误差为 $\lambda(t) = \begin{bmatrix} y^d(t) - y(t) \end{bmatrix}$，$t = 1, 2, \cdots, P$。

数据拟合的性能指标为 $\lambda(t)$ 的平方和，其指标的具体形式为：$J(\boldsymbol{\Theta}) = \boldsymbol{\lambda}^{\mathrm{T}} \boldsymbol{\lambda} = \sum\limits_{t=1}^{P} \lambda^2(t) = \| \boldsymbol{Y}^d - \boldsymbol{\Phi}\boldsymbol{\Theta} \|$，进而参数 $\boldsymbol{\Theta}$ 的估计应使 $J(\boldsymbol{\Theta})$ 达到最小，由此得出关于 $\boldsymbol{\Theta}$ 的最小二乘结果：$\hat{\boldsymbol{\Theta}} = (\boldsymbol{\Phi}^{\mathrm{T}} \boldsymbol{\Phi})^{-1} \boldsymbol{\Phi}^{\mathrm{T}} \boldsymbol{Y}^d$。

2. BP 误差反向传播算法计算前件参数部分

对输出偏差进行平方之后求和是控制性能指标 E 的定义，如下式所示：

$$E(t) = \begin{bmatrix} y^d(t) - y(t) \end{bmatrix}^2, t = 1, 2, \cdots, P \qquad (3-21)$$

$$E = \sum_{t=1}^{P} E(t) = \sum_{t=1}^{P} \begin{bmatrix} y^d(t) - y(t) \end{bmatrix}^2, t = 1, 2, \cdots, P \qquad (3-22)$$

通过对复合函数求导数的方法，将神经网络的输出层偏差反向传到前件参数所在层，也就是第二层的各节点上，进而计算出梯度信号来更新参数，这是 BP 误差反向传播的实质。参数更新的方程如下式所示：

$$\left.\begin{aligned} a_i^{\mathrm{New}} &= a_i^{\mathrm{Old}} + \Delta a_i \\ b_i^{\mathrm{New}} &= b_i^{\mathrm{Old}} + \Delta b_i \end{aligned}\right\} ; \quad \left.\begin{aligned} c_i^{\mathrm{New}} &= c_i^{\mathrm{Old}} + \Delta c_i \\ d_i^{\mathrm{New}} &= d_i^{\mathrm{Old}} + \Delta d_i \end{aligned}\right\}, \quad i = 1, 2, \cdots, p \qquad (3-23)$$

$$\left.\begin{aligned} \Delta a_i &= -\eta \frac{\partial E}{\partial a_i} \\ \Delta b_i &= -\eta \frac{\partial E}{\partial b_i} \end{aligned}\right\} ; \quad \left.\begin{aligned} \Delta c_i &= -\eta \frac{\partial E}{\partial c_i} \\ \Delta d_i &= -\eta \frac{\partial E}{\partial d_i} \end{aligned}\right\}, \quad i = 1, 2, \cdots, p \qquad (3-24)$$

η 表示为

$$\eta = k_1 \bigg/ \sqrt{\sum_{\varepsilon} (\partial E / \partial \varepsilon)^2} \qquad (3-25)$$

式中，k_1 为初始步长；$\varepsilon = \{a_i, b_i, c_i, d_i\}$，其中 $i = 1, 2, \cdots, 7$，为对指标 E 产生影响的全部参数。其流程图如图 3-15 所示。

3.4.2　驾驶员 ANFIS 模型的实现

本书中，驾驶员 ANFIS(adaptive network−based fuzzy inference system) 模型，通过 MAT-LAB 的 Fuzzy Toolbox 来 GUI 可视化实现。应用上述算法，原则上讲并不需要对网络参数的先验知识，但是如果能够对参数有个合理的估计，则可以使建立的模型达到更好的控制效果。

MATLAB 的模糊逻辑工具箱提供了 ANFIS 的图形界面工具 anfisedit。下面介绍在 MATLAB 中具体的实现过程，步骤如下。

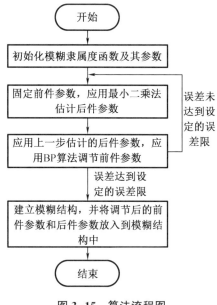

图 3-15　算法流程图

Step 1：在 MATLAB 命令窗口中键入命令"anfisedit"，进入 MATLAB Fuzzy 工具箱的图形界面编辑窗口，通过菜单项 File->New FIS->Sugeno，新建一个 Takagi-Sugeno 型模糊推理系统。设定模型的结构为两个输入，一个输出，通过菜单项 Edit->Add Variable->input 实现。进入 ANFIS 的编辑窗口界面，通过菜单项 Edit->anfis 实现，如图 3-16 所示为 ANFIS 的可视化窗口。

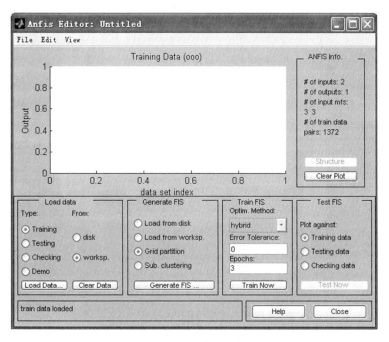

图 3-16　ANFIS 的图形窗口界面

Step 2：加载数据（Load Data）。首先将先前保存的.dat数据文件复制到MATLAB安装目录…\toolbox\fuzzy\fuzdemos下，通过load命令将.dat数据文件装载到工作空间矩阵中。然后，在窗口界面的数据加载区，选择加载数据的类型为训练数据（Training），加载方式为工作空间的数据矩阵（worksp.），并点击"Load Data"按钮，在弹出的对话框中输入工作空间中的数据矩阵名，相应的数据就会显示在绘图区。

Step 3：生成初始模糊推理系统（Generate FIS）。在训练驾驶员ANFIS模型前，先在系统生成区（Generate FIS）指定初始模糊推理系统的信息，这里使用网格分割法（Grid partition）来产生初始系统，弹出图3-17所示的对话框。在对话框中，要求输入的信息包括输出隶属度函数的类型（OUTPUT：MF Type）、输入语言变量隶属度函数的类型（INPUT：MF Type）、数目（INPUT：Number of MFs）。本书的输入空间各有7个模糊集，采用高斯形（gaussmf）隶属度函数，输出采用线性（linear）形式，其精度满足要求。

若设置上述的输入空间各有5个模糊集，则计算步骤会减少，系统的训练和输出速度也会变快，但是却不能达到满意的精度要求。一般来说，输入空间的模糊集个数越多，经过训练之后输出的误差就会越小，模糊系统也可以更好地拟合输入、输出的数据，但是因为模糊集的个数与模糊规则的个数是指数的关系，所以就会产生维数灾难，这在设计中是不可取的。

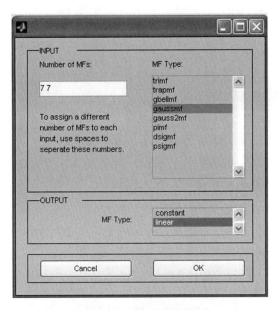

图 3-17 初始的 FIS 结构

Step 4：ANFIS系统训练（Train FIS）。在进行ANFIS的训练前，必须在训练模糊推理系统区（Train FIS）选择优化方法（Optim. Method）、误差精度（Error Tolerance）和训练次数（Epochs）。本书选择优化方法为混合算法（hybrid算法），误差精度为0，训练次数为20次。点击"Train Now"按钮开始系统的训练，此时在MATLAB的命令窗口中显示训练过程中一些参数的变化，在窗口的左下角显示实际训练次数和误差的大小，在窗口的上部显示优化过程的误差变化情况，训练的最终误差值为0.008 918 5。

Step 5：查看 ANFIS 的模型结构（Structure）。当 ANFIS 驾驶员模型生成后，图 3-16 中，ANFIS 图形窗口界面中的"Structure"按钮变为可用，通过此按钮可以查看 FIS 模型的结构，如 3-18 图所示，此模型的结构是不随训练而变化的，变化的只是一些结构参数。由图 3-18 中可以很明显地看出两个输入单个输出的结构、ANFIS 的层级结构以及 49 条规则。

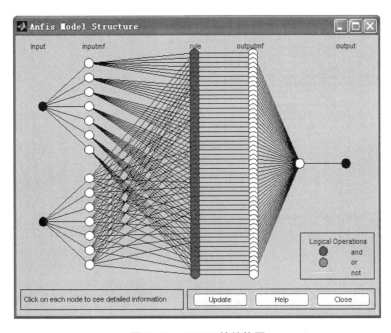

图 3-18　ANFIS 的结构图

Step 6：查看模糊推理的过程。通过图 3-16 的 ANFIS 图形界面窗口的菜单项 View->Rules，可以看到整个模糊推理的过程。模糊推理的路径图如图 3-19 所示。从图中可以看出，小图形共有 49 行，对应的是系统中的 49 条规则。

Step 7：生成驾驶员 ANFIS 模型的 FIS 文件。在完成对系统的训练后，利用图形窗口界面中的 File->Export->To Workspace…选项，将系统保存到 MATLAB 工作空间的 anfis. fis 模糊推理矩阵中，如图 3-20 所示。

Step 8：驾驶员 ANFIS 模型的仿真结构。利用保存的 FIS 文件搭建驾驶员仿真模型，用其替换跟踪控制模型后的总体仿真系统如图 3-21 所示。采用与驾驶员跟踪控制模型仿真时相同的条件和任务进行仿真。图 3-22～图 3-29 为低于理想下滑道 10 m 时的响应曲线，可以看出，驾驶员 ANFIS 模型能够反映驾驶员跟踪控制模型的控制过程，并且可以和 APCS 有效地配合，对舰载机系统进行升降舵和油门两个通道的配合控制，实现进舰下滑航迹的控制。结果表明，驾驶员 ANFIS 模型有很好的自学习和外推能力，模糊系统经过训练以后，不但可以在训练点上输出较理想的结果，而且可以在未经训练的点上也泛化出较理想的增益，且其泛化能力能够使系统大范围变化参数时的稳定性也得到较好的保持。

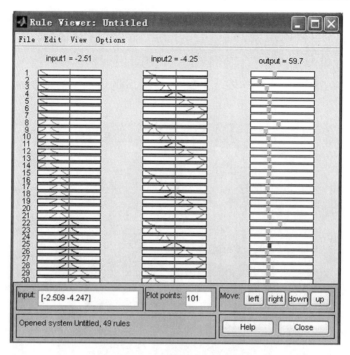

图 3-19　模糊推理的过程图

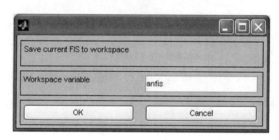

图 3-20　保存系统

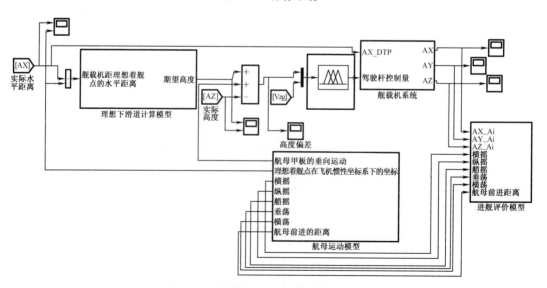

图 3-21　驾驶员 ANFIS 模型仿真系统

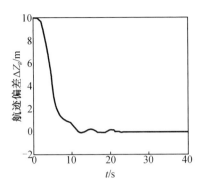

图 3-22 航迹偏差的响应曲线

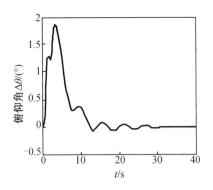

图 3-23 俯仰角的响应曲线

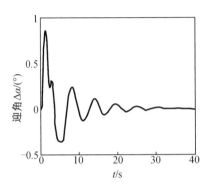

图 3-24 迎角的响应曲线

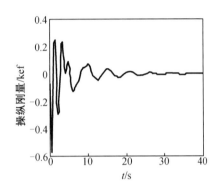

图 3-25 操纵杆的控制曲线

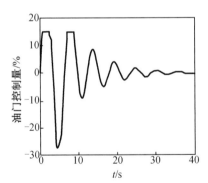

图 3-26 APCS 油门控制曲线

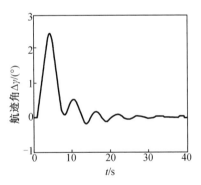

图 3-27 航迹角响应曲线

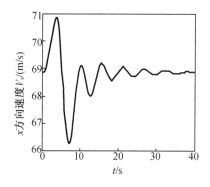

图 3-28　x 方向速度响应曲线

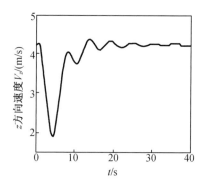

图 3-29　z 方向速度响应曲线

从另一角度来说,飞行包线内的飞行仿真验证了 ANFIS 建模方法的有效性,在飞行包线内,驾驶员 ANFIS 模型的控制具有较好的逼近和泛化能力。因此,用驾驶员 ANFIS 模型描述驾驶员的非线性特性,既能够克服建模过程中对专家知识的过分依赖,又能够加强对未知和变化环境进行学习和控制的性能,可以得到比较满意的结果。

3.4.3　驾驶员行为模型仿真分析

利用驾驶员 ANFIS 模型控制舰载机系统,分别在低于下滑道 3、5、10、15、20 m 的初始条件下进行仿真,仿真结果如图 3-30~图 3-33 所示,分别为下滑航迹、航迹偏差变化、操纵杆控制量、油门控制量的仿真结果簇。从仿真结果可以发现,驾驶员 ANFIS 模型的仿真结果与驾驶员跟踪控制模型的控制效果基本相同,也可以适应多种航迹高度偏差的控制。

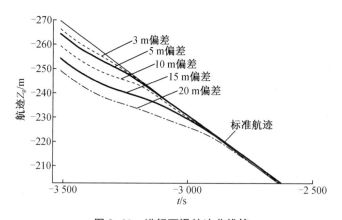

图 3-30　进舰下滑航迹曲线簇

综上所述,本章首先介绍了几种模糊控制的结构,并确定驾驶员 ANFIS 模型的模糊控制结构为二维,然后给出了驾驶员 ANFIS 模型训练数据的取得过程及需要注意的事项,详细地介绍了驾驶员 ANFIS 模型的等效结构以及用 hybrid 算法确定前件参数和后件参数的过程,并给出了相应的流程图,最后详细地介绍了驾驶员 ANFIS 模型的 GUI 可视化实现过程,并用建立的驾驶员 ANFIS 模型在其他仿真条件和任务不变的情况下进行仿真分析,且给出了多种初始高度偏差下的仿真结果,仿真结果表明驾驶员 ANFIS 模型可以实现进舰航迹偏差的修正。

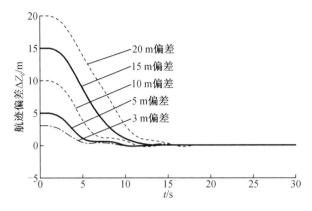

图 3-31　航迹偏差变化曲线簇

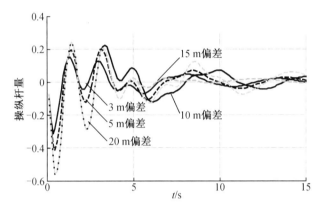

图 3-32　操纵杆控制曲线簇

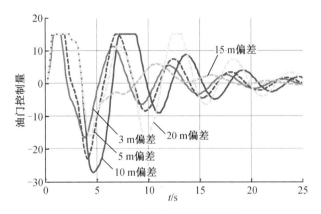

图 3-33　油门控制量曲线簇

3.5 本章思政

在本章中,以舰载机驾驶员着舰行为模型为例,讲解了复杂系统行为模型的原理,本节将以我国舰载机驾驶员为例,讲述本章的思政内容。

张超,男,1986年8月生,湖南岳阳人,中国人民解放军海军少校军衔。2004年9月入伍,2009年5月入党,海军某舰载航空兵部队正营职中队长,歼15舰载机一级驾驶员,2016年4月27日,张超在驾驶歼-15飞机进行陆基模拟着舰训练时,突遇飞机故障,为尽最大可能保住战机,张超错过了最佳跳伞时机,不幸壮烈牺牲,年仅29岁。2016年11月,中央军委主席习近平签署命令,追授张超为"逐梦海天的强军先锋"。2018年6月,追授为"全国优秀共产党员"。2019年9月17日,中国国家主席习近平签署主席令,授予张超"人民英雄"国家荣誉称号。

2016年4月27日上午,张超开始进行陆基模拟着舰训练,按照计划,他驾驶当天最后一个架次的战机升空,20多分钟后,几架战机相继着陆,张超也驾驶着战机最后加入着陆航线。通过休息室的中心相机看到,张超驾驶的战机降落时始终处于镜头中心的十字线中央,这意味着他在按照最优航线近乎完美地下滑,然而,就在飞机刚刚接地的瞬间,塔台的无线电里忽然传来战机电传故障的自动报警,刚刚着陆的战机机头突然急速大幅上仰,飞机瞬间离地,在机头超过80°仰角下坠过程中,张超被迫跳伞,从战机着陆到突然坠毁,只有短短4.4秒钟时间,事后调取现场视频和飞参数据发现,在飞机出现大仰角时,张超的第一反应竟是把操纵杆推到头,希望保住飞机,推杆无效后他迅速跳伞,而此时飞机已经是近乎垂直的姿态,他的处置迅速而准确,只是飞机刚刚着陆,没有足够的能量、高度和时间,因而把驾驶员推向了一个绝望的境地。为了挽救战机,张超错过了最佳跳伞时机,坠地受重伤,经抢救无效壮烈牺牲,这位优秀的驾驶员说的最后一句话是:"我是不是要死了,再也飞不了了"。张超的牺牲是在尝试挽救失控的战机时发生的,他的勇敢和牺牲精神被广泛颂扬,他的领导和战友都高度评价他的专业能力和奉献精神。张超的事迹和精神不仅被军内外所敬仰,也成了新时代共产党人和革命军人的榜样和标杆,他的故事展现了一名军人的忠诚、勇敢和牺牲精神,以及对家国的深沉爱恋。

3.6 本章小结

复杂系统具有的多维度、非线性、不确定性和涌现性等特点,导致复杂系统行为模型难以预测和理解,为了更好地分析和预测复杂系统行为,本章首先介绍了人机系统跟踪控制原理,以此构建人机系统跟踪控制模型,重点分析了视觉感受机构模型、关于姿态和速率偏差的内回路模型、关于位置偏差的外汇路偏差模型等,然后以舰载机驾驶员着舰行为模型为例开展实例介绍。构建复杂系统行为模型,可以用于评估系统面临的风险,并识别可能导致系统不稳定性的因素,在复杂系统分析和风险处置方面尤为重要。

第4章　复杂系统风险建模技术与实例

4.1　引　　言

复杂系统风险建模技术基于定量方法和工具,分析和评估复杂系统中的潜在风险,目标是帮助决策者更好地理解复杂系统的脆弱性和关键风险因素,以制定相应的风险抑制和控制策略。复杂系统风险建模是一个持续发展的领域,不同的方法和工具都有其适用的范围和局限性,选择合适的技术来构建复杂系统风险,需要考虑问题的复杂性、数据可获得性、可验证性等因素,并进行适当的模型验证和灵敏度分析,以增加建模结果的可靠性和实用性。本章将介绍复杂系统风险建模的常用方法,并以飞机和船舶为例介绍风险建模过程及风险抑制策略。

风险建模是风险管理的一部分,考虑到风险建模的目标,这里介绍一下风险管理的相关内容:

(1)风险识别:通过分析复杂系统的各种内外部环境和因素,发现可能带来损失或危害的事件;

(2)风险评估:通过对风险进行量化或定性分析,明确风险性质、可能性、影响范围和严重程度;

(3)风险控制:采取相应的策略和措施,对风险进行有效的控制,实现对风险的抑制;

(4)风险监测:对复杂系统中的各种风险进行监控和跟踪,及时发现和解决潜在的风险问题。因此,复杂系统风险问题是一个重要的研究领域,需要专业知识和精密的方法来处理,在风险建模基础上,制定出科学有效的风险管理策略和措施,保证复杂系统的稳定性和安全性。

不同的复杂系统,其风险建模方法是不同的,甚至差别很大,考虑到风险问题往往来自实际物理世界的应用场景,为此本章主要结合具体的复杂系统形式,来介绍风险建模基础原理和具体应用实例。

4.2　复杂系统风险建模原理

4.2.1　基于数据基线的风险建模方法

常见的人机系统通过大量模拟器训练以及实际应用等方式,存储大量的实际操控经验,因此可将人机系统理解为一个大型的专家系统,其对各个阶段位置的判断和应注意的问题十分清楚。因此可随机遍历所有初始系统状态,使有经验的人机系统操控人员完成每一次任务,可总结出被控对象在执行任务过程中不同时刻的系统运行状态包络,该包络在一定程度上体现了人机系统操控人员的所有经验。

开展的试验越多,数据量越大,获得的状态包络越能够代表人机系统操控人员凭借经验的执行效果,而有经验的人机系统操控人员面对各种不同的初始状态,能够采取最合理的操控方式使被控对象按照计划执行任务。为此可以通过在不同时刻设置不同的系统初始状态,利用人机系统操控人员行为模型反复执行相关任务,记录系统每个时刻的运行状态,利用基线法划分系统状态包络,进而建立被控对象的风险模型。

数据基线风险建模原理如图 4-1 所示。

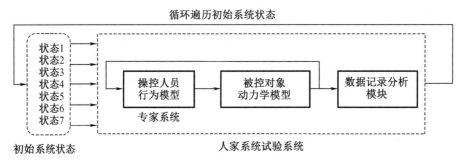

图 4-1　数据基线风险建模原理图

图 4-1 中,在人机系统试验系统上,设置不同的初始状态,使以上初始状态可遍历所有可能取值。考虑到可能取值数量较多,并且避免人的主观性影响,这里采用有经验的人机系统操控人员行为模型来开展仿真试验,具体利用行为模型来模拟实际操控人员控制被控对象仿真模型在模拟器上开展仿真试验,并将被控对象实时运行状态数据接收到数据记录分析模块中,该模块的主要功能是保存被控对象每个采样点的系统状态数值,同时数据记录分析模型将所有的采样点中不同时刻的状态数据映射到自定义统一的同步时间轴上,使所有数据的横轴统一为规定的同步时间,纵轴为各状态值,根据以上过程,可获得所有试验数据,并可获取统一同步时间下的系统状态,进而可绘制复杂系统状态的曲线包络,根据基线法基本原理,将统计数据按照均值和方差的数值可求解不同时刻的基线包络范围,进而可建立复杂系统风险模型。

4.2.2　基于行为趋势预测的风险建模方法

对于大多数复杂系统,当系统存在偏差时,操控人员或系统本身通常通过操控执行机构来控制调整系统运行状态,由于系统存在惯性,系统往往会出现超调量,操控人员或系统本身需要继续反向操控来消除超调量,例如图 4-2 和图 4-3 为飞机消除位置偏差的过程曲线。

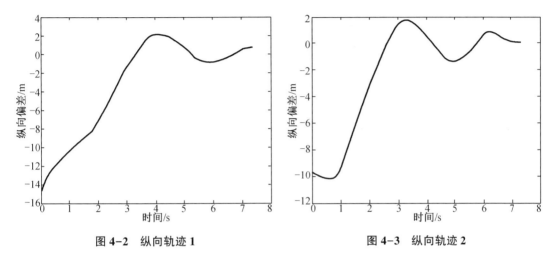

图 4-2　纵向轨迹 1　　　　　　　　图 4-3　纵向轨迹 2

对于大多数的复杂系统,对状态偏差的处理方式类似于以上原理,因此对系统状态偏差的消除过程类似于欠阻尼二阶系统阶跃响应曲线,欠阻尼二阶系统时域表达式可用下式表示:

$$\ddot{x}(t)+2\zeta\omega_{n}\dot{x}(t)+\omega_{n}^{2}x(t)=0 \tag{4-1}$$

通过拉普拉斯变换后,可表示为下式:

$$H(s)=\frac{\omega_{n}^{2}}{s^{2}+2\zeta\omega_{n}s+\omega_{n}^{2}} \tag{4-2}$$

其曲线可用下式表示:

图 4-4 与经典控制理论的控制原理极其相似,为此可通过以上原理来预测复杂系统的状态偏差趋势,进而可预测复杂系统在指定时刻的末端状态偏差,通过偏差分布构建风险模型。

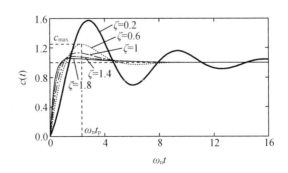

图 4-4　欠阻尼二阶系统阶跃响应曲线

4.2.3 基于 BP 神经网络的风险建模方法

BP 网络是一种多层前馈型神经网络,其神经元常采用的 S 型传递函数,输出的是 0~1 之间的连续量,该网络可以实现从输入到输出的任意非线性映射。工程应用中,该网络被广泛应用于函数逼近、数据压缩、模式识别/分类等。BP 神经网络是一种多层感知网络,网络的学习采用误差反向传播算法,BP 神经网络由输入层、隐层和输出层组成,每层之间存在连接权值,作用于各神经元之间,其大小反映的是连接强度。BP 网络学习规则的指导思想是:对网络权值和阈值的修正要沿着表现函数下降最快的方向——负梯度方向,最后则使网络的误差到达极小值或者最小值,即在这一点误差梯度为零。网络训练过程即是确定各神经元之间权重的过程。

$$x_{k+1} = x_k - \alpha_k g_k \tag{4-3}$$

式中　x_k——当前权值和阈值矩阵;

　　　g_k——当前表现函数的梯度;

　　　α_k——学习速率。

这里选用 3 层 BP 网络结构来对模型进行逼近,具体步骤如下:

Step 1:给定输入层单元至隐层单元的连接权 $V_{hi}(h=1,2,3,\cdots,n;i=1,2,3,\cdots,n)$,隐层到输出层单元连接权 $W_{ij}(i=1,2,3,\cdots,p;j=1,2,3,\cdots,q)$,赋随机值 n 为输入层节点数,p 为隐层节点数,q 为输出层节点数。

Step 2:对于样本 $(X_k,Y_k)(k=1,2,\cdots,m)$ 运用下面操作:

将 X_k 值送入输入层单元,通过连接权 V_{hi} 送入隐层单元,产生隐层单元新激活值。

$$b_i = f(\sum_{i=1}^{h} V_{hi}x_h + \theta_i) \quad i = 1,2,\cdots,p \tag{4-4}$$

式中　f 函数——选为 S 型函数 $f(x)=(1+e^{-x})^{-1}$;

　　　θ_i——偏移。

计算输出层单元的激活值

$$y_j = g(\sum_{i=1}^{p} W_{ij}b_i + \theta_j) \quad j = 1,2,3,\cdots,q \tag{4-5}$$

式中　g 函数——选择 S 型函数 $f(x)=(1+e^{-x})^{-1}$;

　　　θ_i——偏移。

计算输出层单元误差

$$E(\omega) = \sum_{i=1}^{q} \| y_i - y_i^k \|^2 \tag{4-6}$$

式中　y_i^k——输出单元 i 的期望输出。

持续训练网络,直至 $E(\omega)$ 小于给定误差值后结束。否则进行反向传播过程,继续进行权值调整,由下式确定:

$$\Delta W_{ij}^k(t+1) = \eta \times \Delta W_{ij}^{(k-1)} + (1-\eta) \times \alpha(t) \times G_{ij}^{(k-1)}(t) \tag{4-7}$$

式中　η——动量因子,其取值范围为 $0<\eta<1$;

　　　$\alpha(t)$——学习率;

$\Delta W_{ij}^{(k-1)}(t)$——第 t 次迭代时连接权值的变化量,位移的调整采取与权值相同的调整
　　　　　　方式。

Step 3:重复 Step 2,直到所有样本的误差为允许误差,即得到了完整的网络,该网络就
可以对新样本进行网络回想,对新样本输入 X 值后,就能得到输出值 Y。

通过以上步骤可以利用 BP 神经网络逼近任意非线性模型。

4.3　舰载机着舰风险建模实例

4.3.1　基于数据基线的纵向进场风险建模实例

F/A-18 大黄蜂舰载机期望的着舰状态为:进舰速度 70 m/s,俯仰角为 4.9°,下沉率为
4 m/s,迎角为 8.4°,在直道下滑过程中,最理想情况是使飞机保持这种状态沿与甲板面成
3.5°的直线下滑道完成着舰任务,当飞行状态与期望着舰状态存在偏差时,对舰载机而言即
为存在风险,本节将利用大量的仿真试验数据,从统计学角度定义舰载机进场飞行过程各
状态的安全范围,并采用数据基线法建立舰载机进场飞行风险数学模型。

通过仿真手段获得大量样本数据建立风险模型,仿真工况如下所示:

(1)驾驶员等级为 Level-S;

(2)航母航速 24 kn,着舰区域海况为 2 级;

(3)初始纵向偏差为 −30~30 m 的随机值,初始进舰速度为 50~80 m/s 的随机值,初始
俯仰角为 3°~7° 的随机值,初始下沉率为 2~6 m/s 的随机值。

在以上仿真工况下,驾驶员着舰模型针对纵向偏差、进舰速度、下沉率、俯仰角这些状
态均完成 100 个航次着舰仿真试验,各状态偏差对应的进舰距离加以统一,使所有数据拥有
相同的横坐标,部分数据见表 4-1。

表 4-1　飞行模拟器着舰仿真试验样本数据

进舰距离/m	纵向偏差/m	进舰速度/(m/s)	俯仰角/(°)	下沉率/(m/s)
−1 950.77	8.404	66.642	5.23	2.57
−1 946.77	8.357	54.593	5.27	2.358
−1 942.69	8.314	54.443	5.343	2.498
−1 938.62	8.282	54.292	5.442	2.623
−1 934.57	8.258	54.141	5.556	2.738
−1 930.52	8.243	53.988	5.677	2.842
−1 926.49	8.234	53.832	5.799	2.936
−1 922.47	8.232	53.677	5.917	3.021
−1 918.46	8.236	53.55	6.027	3.097

表 4-1（续）

进舰距离/m	纵向偏差/m	进舰速度/(m/s)	俯仰角/(°)	下沉率/(m/s)
−1 914.45	8.245	53.456	6.127	3.163
−1 910.46	8.257	53.39	6.215	3.221
−1 906.47	8.273	53.349	6.291	3.274
−1 902.48	8.292	53.339	6.362	3.345
−1 898.49	8.316	53.35	6.454	3.419
−1 894.5	8.343	53.376	6.56	3.477
⋮	⋮	⋮	⋮	⋮
−27.71	1.282	53.6	5.365	4.518
−23.71	1.312	53.269	5.002	3.347
−19.729	1.235	52.951	4.04	2.091
−15.767	1.081	52.671	2.814	1.01
−11.822	0.868	52.472	1.52	0.707
−7.889	0.657	52.318	0.545	0.87
−3.968	0.457	52.166	−0.077	0.977
−0.059	0.259	51.968	−0.244	0.85

将所有工况下相同类型的仿真试验数据(纵向偏差、进舰速度、俯仰角、下沉率)绘制在同一坐标下,横坐标为进舰距离,纵坐标为各状态值,各状态曲线簇仿真曲线如图 4-5~图 4-8 所示。

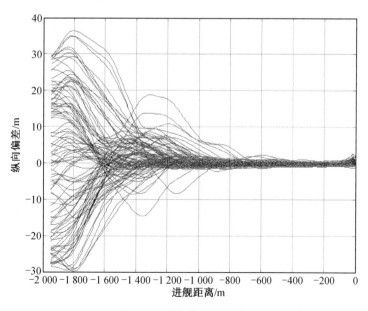

图 4-5　纵向偏差曲线簇

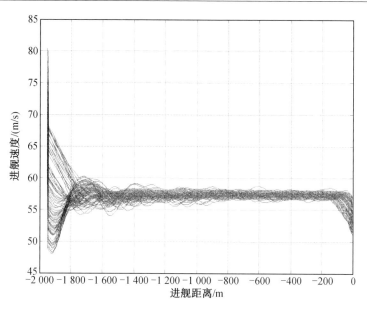

图 4-6 进舰速度曲线簇

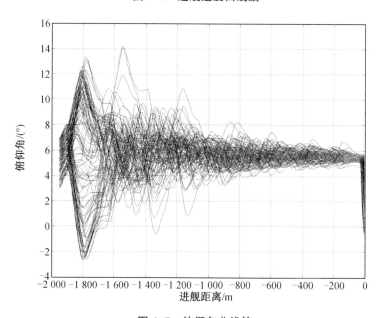

图 4-7 俯仰角曲线簇

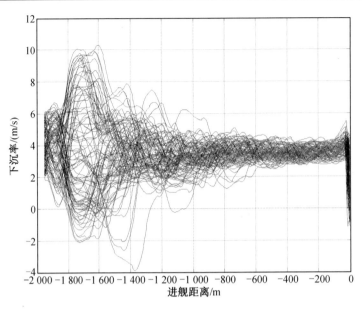

图 4-8　下沉率曲线簇

由于每个航次坐标系中横轴数据并未统一,本节统计进舰距离从-1 400 m 至即将着舰处(这里取-10 m),每隔 2 m 取一个进舰距离采样点,对所有数据进行线性插值。针对同一类型的状态数据,在相同进舰距离时,各状态偏差均值近似为 0,标准差用 δ_s 表示。采用统一后的进舰距离,分别计算各状态偏差的均值和标准差,见表 4-2。

表 4-2　多次着舰仿真试验汇总数据

进舰距离/m	纵向偏差均值/m	纵向偏差标准差	速度偏差均值/(m/s)	速度偏差标准差	俯仰角偏差均值/(°)	俯仰角偏差标准差	下沉率偏差均值/(°)	下沉率偏差标准差
-1400	1.820	4.838	-0.793	0.689	0.541	1.457	-0.464	1.689
-1398	1.822	4.821	-0.786	0.686	0.543	1.454	-0.460	1.676
-1396	1.823	4.805	-0.780	0.684	0.545	1.453	-0.457	1.661
-1394	1.825	4.789	-0.774	0.680	0.549	1.454	-0.454	1.647
-1392	1.827	4.773	-0.768	0.676	0.553	1.458	-0.451	1.633
-1390	1.828	4.758	-0.762	0.671	0.557	1.464	-0.449	1.619
-1388	1.830	4.743	-0.757	0.666	0.561	1.471	-0.446	1.606
-1386	1.832	4.728	-0.752	0.661	0.567	1.480	-0.444	1.593
-1384	1.833	4.713	-0.748	0.655	0.572	1.489	-0.443	1.579
-1382	1.835	4.699	-0.743	0.649	0.578	1.501	-0.441	1.565
-1380	1.837	4.685	-0.740	0.643	0.583	1.512	-0.440	1.551
⋮	⋮	⋮	⋮	⋮	⋮	⋮	⋮	⋮

表 4-2(续)

进舰距离 /m	纵向偏差 均值/m	纵向偏差 标准差	速度偏差 均值 /(m/s)	速度偏差 标准差	俯仰角 偏差均值 /(°)	俯仰角 偏差 标准差	下沉率 偏差均值 /(°)	下沉率 偏差 标准差
−68.000	0.093	0.412	−1.382	0.984	0.468	0.197	−0.278	0.388
−66.000	0.102	0.419	−1.420	1.004	0.466	0.195	−0.269	0.391
−64.000	0.111	0.426	−1.459	1.025	0.464	0.193	−0.260	0.394
−62.000	0.121	0.433	−1.498	1.045	0.462	0.191	−0.251	0.397
−60.000	0.131	0.440	−1.539	1.065	0.459	0.190	−0.242	0.401
−58.000	0.142	0.448	−1.581	1.084	0.457	0.188	−0.232	0.404
−56.000	0.153	0.457	−1.623	1.103	0.455	0.187	−0.222	0.408
−54.000	0.165	0.466	−1.667	1.122	0.453	0.186	−0.211	0.412
−52.000	0.177	0.475	−1.712	1.140	0.450	0.185	−0.201	0.416

　　根据数据基线法基本原理,状态偏差在 $-\delta_s \sim +\delta_s$ 之间的概率为 68.26%,在 $-2\delta_s \sim +2\delta_s$ 的概率为 95.44%,在 $-3\delta_s \sim +3\delta_s$ 的概率为 99.74%。本书定义 $-\delta_s \sim +\delta_s$ 所在区域为低风险区,$M-\delta_s \sim M-2\delta_s$ 和 $M+\delta_s \sim M+2\delta_s$ 所在区域为中风险区,$M-2\delta_s \sim M-3\delta_s$ 和 $M+2\delta_s \sim M+3\delta_s$ 所在区域为高风险区,根据表 4-2 中数据绘制风险区如图 4-9~图 4-12 所示。

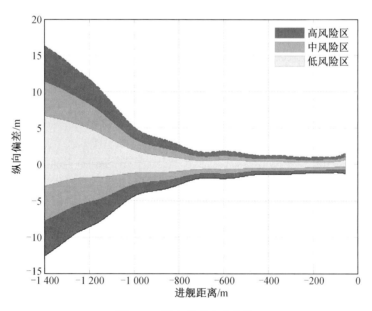

图 4-9 纵向偏差安全包络

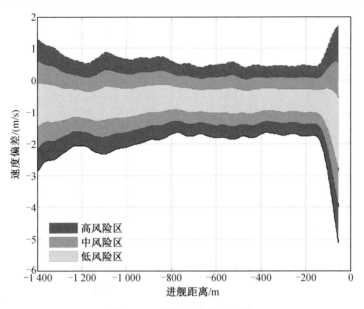

图 4-10　进舰速度安全包络

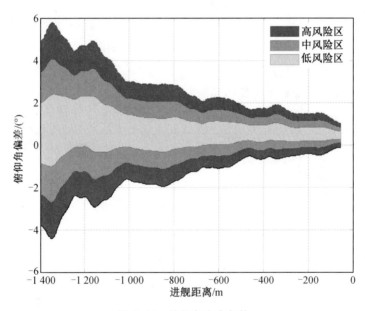

图 4-11　俯仰角安全包络

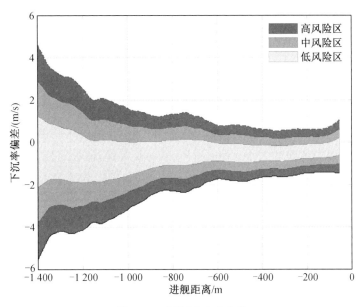

图 4-12 下沉率安全包络

在上图中,从整体角度看,横向偏差风险区并不是关于零偏差值对称的,这是由于斜角甲板并不是关于航母纵轴对称的,而是与纵轴成一定角度。当舰载机进舰距离较大时,正横向偏差不利于对准对中线,负横向偏差会随着航母的前进而增大;当进舰距离较小时,正横向偏差容易导致舰载机在钩索过程中撞击舰岛或其他位于甲板右舷的舰载机等设备,负横向偏差会导致偏心过大而无法顺利着舰。因此通过驾驶员模型的仿真后的横向偏差风险区并不是对称的。在图 4-9 中,纵向偏差对着舰效果影响最大,容易引起撞舰事故或导致复飞。因此从整体看,即使下滑道入口的低风险区较大,但随着进舰距离的减小,整个低风险区急剧缩小,也从侧面说明了着舰过程中应对纵向偏差特别关注。另外,正纵向偏差相比负纵向偏差更安全,这是因为即使飞机高于理想下滑道,最坏结果也就是无法钩索而拉起复飞,但是飞机低于理想下滑道的最坏结果却是撞击舰尾而机毁人亡,这是应坚决避免的,这也是风险区关于零偏差轴对称的正偏差的风险比负偏差风险低的原因。以上各图显示了舰载机速度、俯仰角、滚转角、下沉率和漂移率的风险区域,这些着舰状态量理想值为恒定值,因此风险区基本均匀变化,为保证顺利着舰,风险区逐步缩小。

为能够量化进场飞行风险,将划分每个进场飞行子风险的数值范围,并对进场飞行风险进行归一化处理。以上各图中,各着舰状态风险区均分为高风险区、中风险区和低风险区,本书采用各状态偏差在同一风险区线性变化的方式,建立进场飞行风险数学模型,风险区间为 $[0,1]$。风险变化原则如下:

(1) $M-\delta_s \sim M+\delta_s$ 范围基本是标准着舰状态包络,舰载机按照此包络进场,可实现较小偏差着舰效果,本书定义该区间风险值为 $[0,0.2)$;

(2) $M-\delta_s \sim M-2\delta_s$ 和 $M+\delta_s \sim M+2\delta_s$ 范围属于中间过渡带,该范围包括的风险区间跨度最大,本书定义该区间的风险为 $[0.2,0.9)$;

(3) $M-2\delta_s \sim M-3\delta_s$ 和 $M+2\delta_s \sim M+3\delta_s$ 是高风险区,是舰载机应该尽量避免的包络区,该区域风险高、跨度小,本书定义该区间的风险为 $[0.9,1.0)$;

（4）$M\pm3\delta_s$ 以外的区域本书定义风险值最高,为常值 1;

（5）在各安全区内部,风险值成线性变化。

4.3.2　基于数据基线的复飞风险建模实例

舰载机纵向风险主要来自机体或尾钩撞击航母舰尾,是否会撞击舰尾取决于飞机与舰尾的纵向位置,舰尾净高是指舰载机进舰末段达到舰尾处,与舰尾的纵向距离,因此可用舰尾净高来定性衡量纵向风险的大小,这里用 H_{ac} 表示舰尾净高,并将建立舰载机实时飞行状态和航母运动状态与舰尾净高的关系,进而建立与纵向风险的关系,纵向风险建模原理如图 4-13 所示。

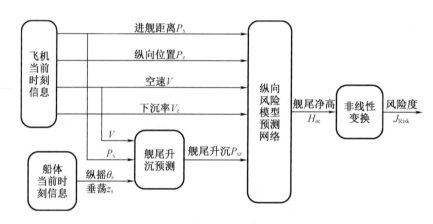

图 4-13　纵向风险建模原理图

舰尾净高的极限值需要通过舰载机执行复飞指令来获得,即在相同的初始状态下,舰载机执行复飞操控时的舰尾净高是最大的。因此根据舰载机当前的进舰距离 P_x、纵向位置 P_z、进舰速度 V、下沉率 V_z 和舰载机到达舰尾时的舰尾升沉 P_{sz} 即刻执行复飞指令,可获得此次着舰试验的舰尾净高值。当以上变量遍历所有可能取值时,可获得着舰所有情况的舰尾净高,本书将所有遍历值和舰尾净高值作为样本数据。为增加纵向着舰风险的便捷性和规范性,更加直观反映纵向风险,这里将舰尾净高按满足实际情况的非线性形式映射到 0~1 之间的量化数值,并将此值作为纵向风险值,本书应用如下复飞准则:驾驶员响应复飞指令延迟时间为 0.7 s,复飞操控动作为最大推力控制,并维持一定迎角。当不考虑甲板运动时,假设要求舰载机执行复飞指令,舰尾净高为某一特定值,则其复飞包络如图 4-14 中虚线所示。当考虑航母的纵向运动时,舰载机复飞包络如图 4-14 中两条实线所示。

在海况为 4 级、航母航速为 24 kn 的情况下,航母垂荡 z_s 和纵摇 θ_s 可分别用下式表示:

$$\begin{cases} z_s = 1.22\sin(0.6t) + 0.305\sin(0.2t) \\ \theta_s = 0.5\sin(0.6t) + 0.3\sin(0.63t) + 0.25 \end{cases} \tag{4-8}$$

因此垂荡最大值为 $z_{smax} = 1.375$ m,垂荡最小值为 $z_{smin} = -1.375$ m,纵摇最大值为 $\theta_{smax} = 1.05°$,纵摇最小值为 $\theta_{smin} = -0.55°$。航母纵摇中心与舰尾的水平距离 $L_s = 116.5$ m,则航母舰尾升沉最大值 H_{smax} 和最小值 H_{smin} 分别为

$$\begin{cases} H_{\text{smax}} = L_{\text{s}} \sin(\theta_{\text{smax}}) + z_{\text{smax}} = 3.51 \text{ m} \\ H_{\text{smin}} = L_{\text{s}} \sin(\theta_{\text{smin}}) + z_{\text{smin}} = -2.49 \text{ m} \end{cases} \tag{4-9}$$

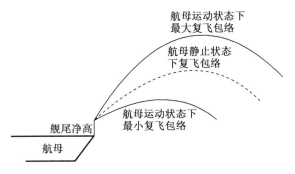

图 4-14　舰载机复飞包络示意图

为计算复飞包络范围,本书假设舰载机着舰过程允许的最小进舰速度 $V = 55$ m/s,最大下沉率 $V_z = 8$ m/s,舰尾升沉最大高度 $H_{\text{smax}} = 3.51$ m,此时可获得最小复飞包络;舰载机着舰过程允许的最大进舰速度为 $V = 85$ m/s,最小下沉率为 $V_z = 0$ m/s,舰尾升沉最小高度 $H_{\text{smin}} = -2.49$ m,此时可获得最大复飞包络。除此以外,还需要考虑菲涅尔灯光的影响。理想着舰点距离舰尾 78 m,理想下滑道与水平面夹角为 3.5°,菲涅尔灯每层光束纵向张角为 0.34°,则菲涅尔灯光最上层和最下层与水平面分别成 4.2° 和 2.8°,可获得舰载机需要复飞的区域如图 4-15 中 B 区域,本书纵向风险建模区域为 B 区域。

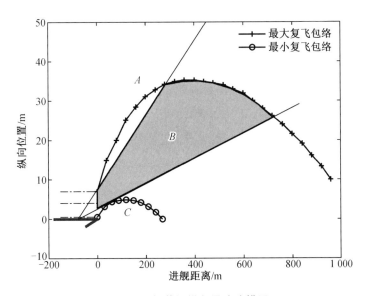

图 4-15　舰载机纵向风险建模区

图 4-15 将着舰过程的纵向平面分为三个区域:A、B 和 C,在 A 区域执行复飞,舰载机无撞舰风险,在 C 区域执行复飞,舰载机始终会撞击舰尾,故本书设定在 A 区域和 C 区域的纵向风险值 $J_{\text{Risk}}(P_x, P_z)$ 如下:

$$J_{\text{Risk}}(P_x, P_z) = \begin{cases} 0.1 & (P_x, P_z) \in A \\ 0.9 & (P_x, P_z) \in C \end{cases} \quad (4-10)$$

在纵向风险建模区中,以不同的进舰距离 P_x、纵向位置 P_z、进舰速度 V、下沉率 V_z 和舰尾升沉 P_{sz},按照复飞准则,执行复飞操控指令,重复仿真可获得一系列的舰尾净高值。本书在图 4-15 中 B 区域平均选取 P_x 和 P_z 共 105 个位置,其他变量的选取如下:

(1)进舰速度 $V(\text{m/s})$:55,60,65,70,75,80,85;

(2)下沉率 $V_z(\text{m/s})$:0,4,8;

(3)舰尾升沉 $P_{sz}(\text{m})$:-2.49,-1,0,1,2,3.51;

因此共获得 13 230 组数据,截取部分样本数据见表 4-3。

表 4-3   纵向风险样本

序号	位置 X	位置 Z	进舰速度	下沉率	舰尾升沉	舰尾净高
1	50	11.77	55	0	0.0	6.681
2	50	6.77	55	0	0.0	1.854
3	50	4.08	55	0	0.0	0.0
4	100	16.29	55	0	0.0	9.618
⋮	⋮	⋮	⋮	⋮	⋮	⋮
13 229	200	15.34	70	4	-1.0	7.235
13 230	250	19.87	70	4	-1.0	11.79

为便于将舰尾净高归一化处理,需将样本数据中的所有舰尾净高值设定在一定范围内。当 $H_{ac} > 10$ m 时,舰载机不会有撞舰风险,本书将该情况下所有 H_{ac} 定为 10 m;当 $H_{ac} < 0$ m 时,一定会发生撞舰事故,这里将该情况下所有 H_{ac} 定为 0 m。

本书制定着舰风险归一化映射函数原则如下:

(1)覆盖所有风险取值,故将纵向风险建模区内的舰尾净高映射在 0.1~0.9 m 范围内;

(2)映射函数与舰尾净高满足反比例关系;

(3)舰尾净高在 3 m 处附近的风险变化明显。

采用 Sigmoid 型函数作为映射函数,具体形式如下:

$$J_{\text{Risk}}(P_x, P_z) = \frac{4}{5 + 2e^{(2H_{ac} - 5)}} + 0.1 \quad (P_x, P_z) \in B \quad (4-11)$$

舰尾净高与纵向风险的归一化映射函数曲线如图 4-16 所示。

根据表 4-3 中全部的样本数据,利用 BP 神经网络训练并将着舰风险归一化,这里选择有代表性的纵向风险三维图介绍如下:

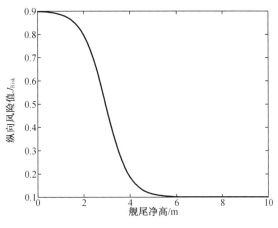

图 4-16　归一化映射函数曲线

（1）当 V 分别为 55 m/s、70 m/s 和 85 m/s，V_z = 4 m/s，P_{sz} = 0 m 时，纵向风险三维效果如图 4-17 所示。

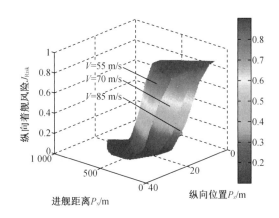

图 4-17　纵向风险三维图（下沉率 **4 m/s**，舰尾升沉 **0 m**）

（2）当 V = 70 m/s，V_z 分别为 4 m/s、6 m/s 和 8 m/s，P_{sz} = 0 m 时，纵向风险三维效果如图 4-18 所示。

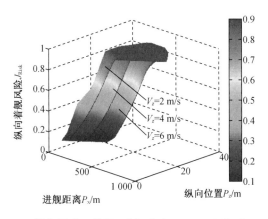

图 4-18　纵向风险三维图（进舰速度 **70 m/s**，下沉率 **0 m/s**）

（3）当 $V=70$ m/s，$V_z=4$ m/s，P_{sz} 分别为 -1 m、0 m 和 2 m 时，纵向风险三维效果如图 4-19 所示。

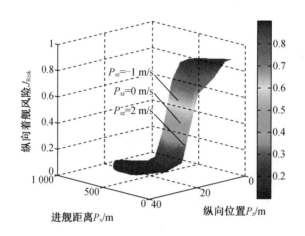

图 4-19　纵向风险三维图（进舰速度 70 m/s，下沉率 4 m/s）

通过以上方式，利用复飞包络数据基线构建了舰载机的高维复飞风险数学模型。

4.3.3　基于行为趋势预测的纵向主观风险建模实例

舰载机的着舰结果直接反映为尾钩与甲板初次接触的落点位置，落点纵向位置决定了舰载机能够挂到第几根索，舰载机着舰纵向落点的影响因素包括以下几部分：

（1）纵向偏差：影响飞机当前位置与理想下滑道的相对位置关系，用 P_z 表示；

（2）下沉率偏差：影响飞机位置变化的方向，用 V_z 表示；

（3）进舰距离：影响可调整飞机纵向位置的时间和空间，用 S_{app} 表示。

为更直接论述着舰落点预测原理，本书制定如下直角坐标系：横轴为时间，纵轴为纵向偏差。在时间方面，本书假设舰载机进舰速度基本保持恒定，因此在时间上需要考虑飞机挂索时刻。而在纵轴上，下沉率虽然不能被直接反映，但是下沉率直接影响飞机纵向偏差的变化率，因此下沉率在以上直角坐标系中仍然影响飞机轨迹在纵向上的变化率。

纵向轨迹对落点预测的影响主要取决于进舰距离，进舰距离的大小决定飞机是否有足够的时间和空间调整位置和姿态，在纵向轨迹预测的基础上分析飞机落点的预测原理，分以下两种情况讨论。

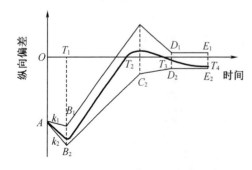

图 4-20　纵向偏差负、下沉率正的情况

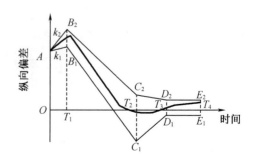

图 4-21　纵向偏差正、下沉率负的情况

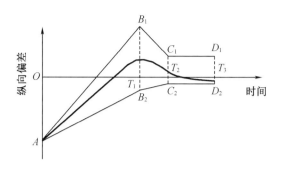

图 4-22　纵向偏差负、下沉率负的情况

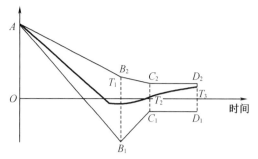

图 4-23　纵向偏差正、下沉率正的情况

（1）当图 4-20~图 4-23 中的末时刻飞机未达到舰尾时，由于飞机基本完成消除纵向偏差的工作，即使存在一定量的偏差，对飞机着舰落点的影响也很小，为此在相应图中末端纵向偏差包络 E_1-E_2 或 D_1-D_2 将采用等角下滑的方式，向纵向着舰区域投影位置为可能落点区域，如图 4-24 所示。

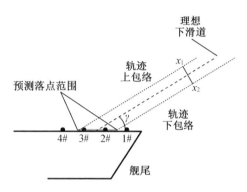

图 4-24　尾钩预测及落点范围原理图

在图 4-24 中，假设当前时刻的预测末状态为 X_1-X_2（对应上图 4-20~图 4-23 中的末状态 E_1-E_2 或 D_1-D_2），理想下滑道与水平面夹角为 γ，X_1-X_2 采用等下滑角的方式在甲板上的投影为粗实线覆盖区域，该区域即为预测落点范围。

（2）当图 4-20~图 4-23 中未到末时刻，飞机已达到舰尾时，飞机纵向轨迹无法到达"维持稳定段"，本节在图中相应时刻截取纵向位置，如图 4-25 中 T_x 时刻截取对应的纵向坐标值为 X_1-X_2，依然采用等角下滑的方式，与上图投影原理一致。

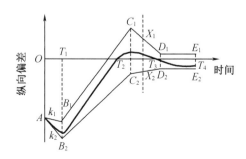

图 4-25　着舰时刻飞行轨迹截取原理图

在以上两种情况的基础上,采用等概率方式确定落点纵向位置,也就是说飞机最终落点在图 4-25 中预测落点范围以等概率的方式随机确定。图 4-25 中线性包络的拐点为未知量,如确定各拐点值,即可求解舰载机整个位置调整过程的运动趋势,结合进舰距离,确定落点覆盖的范围。为获得这些拐点的量化值,采用驾驶员着舰行为模型,在不同的初始条件下反复执行着舰任务,保存着舰数据作为本节试验样本数据,在仿真中假设驾驶员有足够的时间调整飞机位置,即不考虑进舰距离对落点的影响,仿真初始条件如下所示:舰载机的初始进舰距离为-1 400 m;航母航速为 24 kn,着舰区域海况为 2 级,驾驶员模型等级为 Level-A;初始纵向偏差分别为-20 m、15 m、-10 m、-5 m、5 m、10 m、15 m、20 m;初始下沉率偏差分别为-2 m/s、-1 m/s、1 m/s、2 m/s。

在上述初始工况条件下,驾驶员模型针对每种仿真工况均完成 50 次着舰仿真试验,由于初始纵向偏差和下沉率偏差的组合情况较多,这里选择几种情况绘制纵向偏差变化曲线,如图 4-26 所示,并绘制线性包络线,绘制线性包络线时应既考虑着舰过程中纵向轨迹的整体变化趋势,又考虑非线性纵向轨迹的极限点位置。

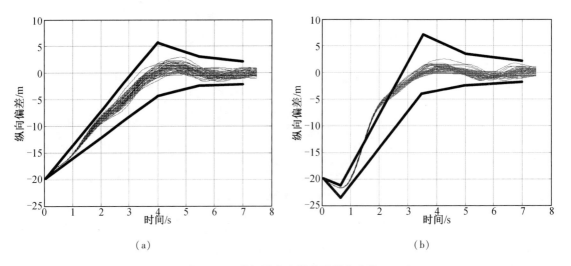

（a） （b）

图 4-26 着舰风险建模典型样本曲线

在获得的纵向轨迹曲线簇中,按照线性包络方法绘制每种工况下的线性包络,使线性包络的基本趋势与实际纵向轨迹的变化趋势保持一致,确定各阶段线性切换点,根据样本数据,利用 BP 神经网络加以训练来建立落点预测数学模型。神经网络输入层节点为 2 个,为简化模型复杂度,"维持稳定段"的节点纵坐标为相反数,所以神经网络输出层节点为 1 个,隐层节点选择 5 个,隐层选用双曲正切 S 型激活函数,训练次数为 500 次,训练后误差为 2.1×10^{-4},结构如图 4-27 所示。

为此,舰载机的纵向落点预测模型 P_{tdpred} 可用下式表示:

$$P_{\text{tdpred}} = \aleph(P_z, V_z) \qquad (4-12)$$

$\aleph(*, *)$ 表示 BP 神经网络训练建立的非线性映射关系。

航母着舰甲板区域共有 4 根阻拦索,阻拦索编号从船尾向船首分别为 1 号、2 号、3 号和 4 号,相邻阻拦索间距为 12 m,理想着舰点位于第 2 号和第 3 号阻拦索围成的矩阵中心,根据阻拦索分布以及舰载机挂索要求,本节制定落点纵向风险分布示意图,如图 4-28 所示。

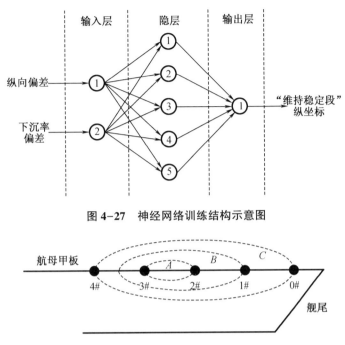

图 4-27　神经网络训练结构示意图

图 4-28　着舰风险分布图

A 区域为 2 号和 3 号阻拦索围成的纵向甲板区域,该区域为理想着舰点所在区域,是舰载机尾钩期望落点纵向区域,舰载机可挂到 3 号阻拦索。如落点在该区域,舰载机挂索时的风险很小,本书定义该区域为着舰低风险区。

B 区域为 1 号和 2 号阻拦索之间纵向区域以及 3 号阻拦索和 3、4 号阻拦索中点之间纵向区域,该区域可挂到 2 号阻拦索或 4 号阻拦索,虽然舰载机落点在 3 号阻拦索和 3、4 号阻拦索中点之间纵向区域仅可挂 4 号阻拦索,但落点稍微靠后,飞机出现逃逸的可能性较大。本书定义该区域为着舰中风险区。

C 区域为 1 号阻拦索和 1 号阻拦索向舰尾延伸 12 m(本书定义其为 0 号阻拦索,为虚拟的,实际是不存在的)之间的纵向区域以及 4 号阻拦索和 3、4 号阻拦索中点之间纵向区域,该区域可挂 1 号索或 4 号索,但由于落点在该区域靠近舰尾或可能发生逃逸现象,因此本书定义该区域为着舰高风险区。

定义落点纵向风险区间为$[0,1]$,在以上三个区域以外,落点纵向风险为最大值 1。在上述 3 个区域中,本节简化落点纵向风险是线性变化的,A 区域内风险变化率最小,B 区域内风险变化率次之,C 区域内风险变化率最大,相邻区域之间交界处风险相同。这里需要注意,1 号阻拦索在着舰坐标系中的 x 方向坐标为-30,1 号阻拦索距舰尾 54 m,飞机尾钩在 1 号索和舰尾之间区域虽然有撞舰风险,但不会发生撞舰事故,依然可以挂 1 号阻拦索,即可以完成着舰任务,但是当尾钩落点大于 54 m 时,则一定会发生撞舰事故,此时风险值无法用上述落点纵向风险$[0,1]$来描述,因此此时的落点纵向风险为无穷大。

4.3.4　基于 BP 神经网络的横向阻拦风险建模实例

舰载机阻拦过程出现的危险情况有三种:

(1)绳索断裂导致舰载机无法顺利停止在甲板上;

(2)阻拦系统主液压缸压力过大导致系统失灵;

(3)舰载机滚转过大导致机翼撞击甲板,这里定义舰载机阻拦风险:由于舰载机着舰挂索时阻拦系统某些状态指标超标或阻拦力使飞机姿态超限而出现的风险。

因此影响舰载机的阻拦风险变量有如下几个:

a:舰载机加速度;

T_{ArrestL}:左绳索张力;

T_{ArrestR}:右绳索张力;

P_{MEC}:阻拦系统主液压缸压强;

φ:舰载机滚转角。

本书建立的阻拦风险函数 J_{Risk},采用如下形式:

$$J_{\text{Risk}} = K_a \left| \frac{a}{a_{\max}} \right|^2 + K_{T1} \left| \frac{T_{\text{ArrestL}}}{T_{\max}} \right|^2 + K_{T2} \left| \frac{T_{\text{ArrestR}}}{T_{\max}} \right|^2 + K_P \left| \frac{P_{\text{MEC}}}{P_{\text{MECmax}}} \right|^2 + K_\varphi \left| \frac{\varphi}{\varphi_{\max}} \right|^2 \qquad (4-13)$$

式中　$a_{\max}$、$T_{\max}$、P_{MECmax} 和 $\varphi_{\max}$——各阻拦风险变量的允许最大值(左右绳索张力允许最大值相等)。

　　　K_a、K_{T1}、K_{T2}、K_P 和 K_φ——各风险变量的权值,其物理意义为:在舰载机阻拦过程中,风险变量对阻拦风险的影响程度。

本书将阻拦风险的范围界定为 0~1,因此这里将风险权值设置为 0~0.2 来使阻拦风险归一化。

由于在阻拦过程中,绳索断裂以及机翼撞击甲板会造成机毁人亡的严重后果,故需对 K_{T1}、K_{T2} 和 K_φ 的值选取相对较大,对 K_a 和 K_P 的值选取相对较小。风险变量权值取值越大,后文中与之相匹配的舰载机状态偏差量权值就越大,也就是说,在性能指标滚动优化过程中对该状态偏差的控制力度也越大。

阻拦过程是舰载机着舰过程的最后阶段,因此阻拦风险函数受舰载机的横侧向状态偏差量直接影响,但是它们之间是一种非常复杂的非线性关系,暂无法使用精确的解析型数学表达式来表示。采用阻拦有限元离线计算的方法求解阻拦风险与舰载机状态偏差量的数值关系。有限元离线计算方法如下:任选舰载机 6 个状态偏差量中的 5 个,并将它们都设置为标准值 0,然后将剩余的 1 个状态偏差量从 0 逐渐增加到最大偏差值,此时通过有限元仿真在各点之间采用多项式插值获得 1 条舰载机阻拦风险曲线,依照此方法可获取其余 5 条阻拦风险的一系列离散点。这里采用 BP 神经网络训练方式来构建阻拦风险与舰载机加速度、左绳索张力、右绳索张力、阻拦系统主液压缸压强、舰载机滚转角之间的非线性关系,具体如图 4-29~图 4-34 所示。

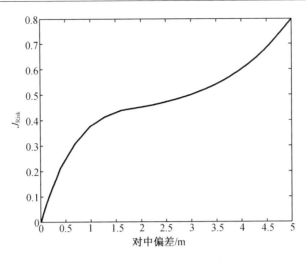

图 4-29 对中偏差仿真风险曲线

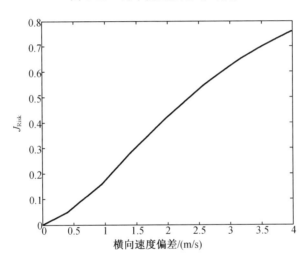

图 4-30 侧向速度偏差风险曲线

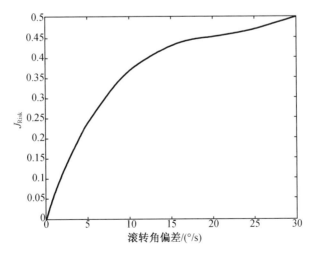

图 4-31 滚转角偏差风险曲线

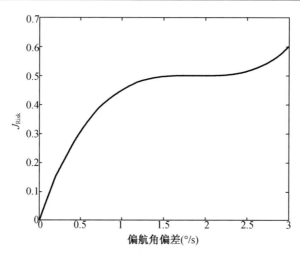

图 4-32　偏航角偏差风险曲线

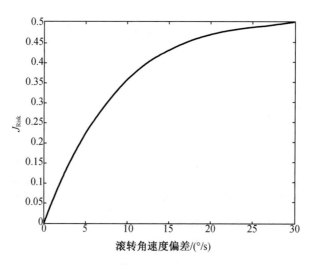

图 4-33　滚转角速度偏差风险曲线

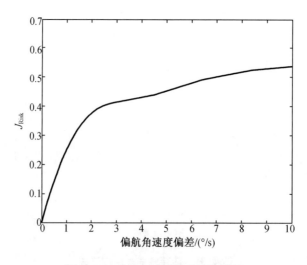

图 4-34　偏航角速度偏差风险曲线

综上,本章主要针对风险建模问题,论述了基于数据基线的风险建模方法、基于行为趋势预测的风险建模方法以及基于 BP 神经网络的风险建模方法,并通过舰载机着舰复杂任务介绍了具体的风险建模实例。

4.4　本章思政

在本章中,以舰载机着舰风险为例,讲解了复杂系统风险建模的原理,本节将以我国从事舰载机的优秀科技工作者为例,介绍本章的思政内容。

罗阳,男,1961 年 6 月生,辽宁沈阳人,1982 年 8 月参加工作,1986 年 8 月加入中国共产党,北京航空航天大学飞机设计专业毕业,研究员级高级工程师,生前曾任歼-15 舰载机工程总指挥,沈阳飞机工业(集团)有限公司董事长、总经理、党委副书记。2012 年 11 月 25 日,罗阳在执行任务时突发急性心肌梗死、心源性猝死,经抢救无效,在工作岗位上因公殉职,享年 51 岁。

2012 年 11 月 25 日,罗阳亲自走上辽宁舰和同事们握手,庆祝我国歼-15 战斗机的飞行成功。可就在罗阳刚刚走下辽宁舰并登上返回的汽车以后,不幸发生了——由于常年劳累工作导致积劳成疾,罗阳在车上突发心脏病。在医院里抢救 3 个小时后,罗阳永远地离开了我们。罗阳用生命换来了歼-15 的完美起飞,罗阳用生命换来了中国航母的发展壮大,他为我们国家的航空事业发展奋斗终生,直至牺牲在工作岗位上。他的这种精神,是我们每个人应当学习和践行的伟大精神,为了祖国勇攀科学高峰的精神更是值得当今每一位年轻人学习。我们要把罗阳打造的"歼-15 精神"发扬光大,以实际行动完成罗阳未竟的事业,为把我国海军建设成强大的世界一流的海军而努力奋斗,为把我国建设成当今世界的强国而努力奋斗,为了实现中华民族伟大复兴的梦想而奋斗!

4.5　本章小结

复杂系统风险建模是识别、评估和管理复杂系统潜在风险的过程,这对许多安全领域是至关重要的。本章介绍了三种风险建模方法,包括基于数据基线的风险建模方法、基于行为预测的风险建模方法、基于 BP 神经网络的风险建模方法,并基于以上理论以舰载机着舰风险来介绍风险建模实例,具体包括纵向进场风险建模实例、复飞风险建模实例、纵向主观风险建模实例和横向阻拦风险建模实例。复杂系统风险建模具有重要意义,将风险与控制相结合是目前较为新颖的研究方向,构建风险模型后,将其也引入到控制回路中可以有效抑制风险。

第5章 基于数据驱动的复杂系统建模技术与实例

5.1 引　言

时间序列模型是非常常见的数学模型,其反映的是时间序列各个时间点之间的联系以及系统当前输出和过去输入的关系,考虑噪声干扰等影响因素,从而得到研究对象未来时刻的状态。时间序列模型的构建方法主要有数据回归方法和神经网络方法,以上方法均是基于数据驱动的方法。

一方面,基于数据回归的时间序列模型可以分为自回归模型 AR、滑动平均模型 MA 和自回归滑动平均模型 ARMA 三类,其中自回归模型描述的是系统对于过去时刻自身的记忆,滑动平均模型描述的是系统对于过去时刻噪声干扰的记忆,两者共同构成了自回归滑动平均模型。另一方面,利用神经网络的方法主要是利用循环神经网络,如果提高循环神经网络的预报精度,需要结合其他方法,如将基于经验模式分解的长短期记忆神经网络组合的船舶运动姿态预测模型,预测模型包括基于 EMD 的船舶数据分解和基于 LSTM 的序列预测两个部分,本章将分别介绍数据回归的时间序列建模方法和改进循环神经的时间序列建模方法。

5.2　基于 LS 与 RLS 的线性回归建模方法

AR 与其他时间序列模型相比,具有算法复杂度低、计算方便、自适应性强等优点,其表达式可以描述为

$$x_t = \varphi_1 x_{t-1} + \varphi_2 x_{t-2} + \cdots + \varphi_n x_{t-p} + \varepsilon_t \tag{5-1}$$

式中　$\varphi_n(n=1,2,\cdots,p)$——模型参数;

　　　ε_t——白噪声序列,且该序列的均值为零,方差为 σ^2。

自回归 AR 模型的辨识过程主要分为两个部分,分别是模型参数 φ_t 的估计和模型阶数 p 的确定,可使用测得的船舶运动姿态历史数据作为样本数据,通过相关参数估计方法求得模型参数,同时利用相关定阶准则确定模型的阶数 p,最后,可由式求得基于 AR 模型的预测公式为

$$\hat{x}_{t+l} = \begin{cases} \displaystyle\sum_{j=1}^{p} \varphi_j x_{t+1-j} & (l = 1) \\[3mm] \displaystyle\sum_{j=1}^{l-1} \varphi_j x_{t+l-j} + \sum_{j=l}^{p} \varphi_j x_{t+l-j} & (1 < l < p) \\[3mm] \displaystyle\sum_{j=1}^{p} \varphi_j x_{t+l-j} & (l > p) \end{cases} \tag{5-2}$$

目前常用的自回归模型参数估计的方法包括最小均方差算法(least mean square,IMS)、递推相关矩估计算法(levison durbion,L-D)和递推最小二乘算法(recursive least square, RLS)在内的三种方法,其中最小均方差算法收敛速度较慢、特征值发散,递推最小二乘算法和递推相关矩估计算法的收敛性较好,因此这两种算法常被用于自回归模型的参数辨识过程。

5.2.1　最小二乘法预测原理

最小二乘法(least squares,LS)是一种数学优化方法,通过最小化误差的平方和来寻找数据的最佳函数匹配,适合用于曲线拟合和数据回归的求解问题。

设 $x_t(t=1,2,\cdots,N)$ 为船舶摇荡运动测量数据,并假定其为零均值平稳序列,该时间序列满足自回归模型方程,其中 ε_t 为测量误差,白噪声序列,且 $E(\varepsilon_t)=0$,$D(\varepsilon_t)=\sigma^2$。令式(5-1)中 $t=p+1,p+2,\cdots,N$,可得下式:

$$\begin{cases} x_{p+1} = \varphi_1 x_p + \varphi_2 x_{p-1} + \cdots + \varphi_p x_1 + \varepsilon_{p+1} \\ x_{p+2} = \varphi_1 x_{p+1} + \varphi_2 x_p + \cdots + \varphi_p x_2 + \varepsilon_{p+2} \\ \vdots \\ x_N = \varphi_1 x_{N-1} + \varphi_2 x_{N-2} + \cdots + \varphi_p x_{N-p} + \varepsilon_N \end{cases} \tag{5-3}$$

若定义 $\begin{cases} \boldsymbol{X} = \begin{bmatrix} x_{p+1} & x_{p+2} & \cdots & x_N \end{bmatrix}^{\mathrm{T}} \\ \boldsymbol{\psi} = \begin{bmatrix} \varphi_1 & \varphi_2 & \cdots & \varphi_p \end{bmatrix}^{\mathrm{T}} \\ \boldsymbol{E} = \begin{bmatrix} \varepsilon_{p+1} & \varepsilon_{p+2} & \cdots & \varepsilon_N \end{bmatrix}^{\mathrm{T}} \end{cases}$，$\boldsymbol{\Phi} = \begin{bmatrix} x_p & x_{p-1} & \cdots & x_1 \\ x_{p+1} & x_p & \cdots & x_2 \\ \cdots & \cdots & \cdots & \cdots \\ x_{N-1} & x_{N-2} & \cdots & x_{n-p} \end{bmatrix}$，则上式可化简为

$$\boldsymbol{X} = \boldsymbol{\Phi}\boldsymbol{\psi} + \boldsymbol{E} \tag{5-4}$$

设 $\hat{\boldsymbol{\psi}}$ 为 $\boldsymbol{\psi}$ 的一个估计值,其目标函数 $\boldsymbol{J}$ 取值为

$$\boldsymbol{J} = (\boldsymbol{X} - \boldsymbol{\Phi}\hat{\boldsymbol{\psi}})^{\mathrm{T}}(\boldsymbol{X} - \boldsymbol{\Phi}\hat{\boldsymbol{\psi}}) \tag{5-5}$$

自回归模型中参数 $\boldsymbol{J}$ 的最小二乘估计指的是选择最优估计值 $\hat{\boldsymbol{\psi}}$,使得目标函数 $\boldsymbol{J}$ 取值最小,故求下述方程:

$$\frac{\partial \boldsymbol{J}}{\partial \hat{\boldsymbol{\psi}}} = -2\boldsymbol{\Phi}^{\mathrm{T}}(\boldsymbol{X} - \boldsymbol{\Phi}\hat{\boldsymbol{\psi}}) = 0 \tag{5-6}$$

求得参数最小二乘估计为

$$\hat{\boldsymbol{\psi}} = \begin{bmatrix} \boldsymbol{\Phi}^{\mathrm{T}}\boldsymbol{\Phi} \end{bmatrix}^{-1} \boldsymbol{\Phi}^{\mathrm{T}}\boldsymbol{X} \tag{5-7}$$

5.2.2 递归最小二乘法预测原理

递归最小二乘法(recursive least squares,RLS),以递归方式求解最小平方损失函数来获得问题最优解的学习过程,核心问题在于证明最小二乘估计的合理性,优点在于能够实时处理新的数据样本,而不需要重新计算整个数据集,尤其适用于在线学习和数据逐步获得的自适应系统。

由 5.2.1 可知,在求解模型参数最小二乘估计时,随着 N 的增大,矩阵 $\boldsymbol{\Phi}$ 和向量 $\boldsymbol{X}$ 的维数也会不断增大,会导致算法计算效率降低。为此,这里介绍递推最小二乘算法,其在获得新的测量数据后,不需要使用全部数据重新进行计算,而是在原有参数的估计值基础上进行修正,得到新的参数估计值,这种方法可以很大程度上提高计算效率。

上式中 $\boldsymbol{\Phi}_N = \begin{bmatrix} x_p & x_{p-1} & \cdots & x_1 \\ x_{p+1} & x_p & \cdots & x_2 \\ \vdots & \vdots & & \vdots \\ x_{N-1} & x_{N-2} & \cdots & x_{n-p} \end{bmatrix} = \begin{bmatrix} \boldsymbol{\varphi}_{p+1}^{\mathrm{T}} \\ \boldsymbol{\varphi}_{p+2}^{\mathrm{T}} \\ \vdots \\ \boldsymbol{\varphi}_N^{\mathrm{T}} \end{bmatrix}$, $\begin{cases} \boldsymbol{X}_N = \begin{bmatrix} x_{p+1} & x_{p+2} & \cdots & x_N \end{bmatrix}^{\mathrm{T}} \\ \boldsymbol{\varphi}_{N+1} = \begin{bmatrix} x_N & x_{N-1} & \cdots & x_{N-P+1} \end{bmatrix}^{\mathrm{T}} \end{cases}$

记 $\boldsymbol{P}_N = [\boldsymbol{\Phi}_N^{\mathrm{T}}\boldsymbol{\Phi}_N]^{-1}$,则可以递推得到下式:

$$P_{N+1} = [\boldsymbol{\Phi}_{N+1}^{\mathrm{T}}\boldsymbol{\Phi}_{N+1}]^{-1} = \left[\begin{bmatrix}\boldsymbol{\Phi}_N \\ \boldsymbol{\varphi}_{N+1}^{\mathrm{T}}\end{bmatrix}^{\mathrm{T}}\begin{bmatrix}\boldsymbol{\Phi}_N \\ \boldsymbol{\varphi}_{N+1}^{\mathrm{T}}\end{bmatrix}\right]^{-1} = [\boldsymbol{P}_N^{-1} + \boldsymbol{\varphi}_{N+1}\boldsymbol{\varphi}_{N+1}^{\mathrm{T}}]^{-1} \tag{5-8}$$

由于矩阵反演公式为

$$(\boldsymbol{A}+\boldsymbol{B}\boldsymbol{C})^{-1} = \boldsymbol{A}^{-1} - \boldsymbol{A}^{-1}\boldsymbol{B}(\boldsymbol{I}+\boldsymbol{C}\boldsymbol{A}^{-1}\boldsymbol{B})^{-1}\boldsymbol{C}\boldsymbol{A}^{-1} \tag{5-9}$$

令 $\boldsymbol{A} = \boldsymbol{P}_N^{-1}, \boldsymbol{B} = \boldsymbol{\varphi}_{N+1}, \boldsymbol{C} = \boldsymbol{\varphi}_{N+1}^{\mathrm{T}}$,可得

$$P_{N+1} = \boldsymbol{P}_N - \boldsymbol{P}_N\boldsymbol{\varphi}_{N+1}(\boldsymbol{I}+\boldsymbol{\varphi}_{N+1}^{\mathrm{T}}\boldsymbol{P}_N\boldsymbol{\varphi}_{N+1})^{-1}\boldsymbol{\varphi}_{N+1}^{\mathrm{T}}\boldsymbol{P}_N = \left(\boldsymbol{I} - \frac{\boldsymbol{P}_N\boldsymbol{\varphi}_{N+1}\boldsymbol{\varphi}_{N+1}^{\mathrm{T}}}{\boldsymbol{I}+\boldsymbol{\varphi}_{N+1}^{\mathrm{T}}\boldsymbol{P}_N\boldsymbol{\varphi}_{N+1}}\right)\boldsymbol{P}_N \tag{5-10}$$

令 $\boldsymbol{K}_{N+1} = \dfrac{\boldsymbol{P}_N\boldsymbol{\varphi}_{N+1}}{1+\boldsymbol{\varphi}_{N+1}^{\mathrm{T}}\boldsymbol{P}_N\boldsymbol{\varphi}_{N+1}}$,则有 $\boldsymbol{P}_{N+1} = (\boldsymbol{I}-\boldsymbol{K}_{N+1}\boldsymbol{\varphi}_{N+1}^{\mathrm{T}})\boldsymbol{P}_N$。

由式(5-7)可得

$$\hat{\boldsymbol{\psi}}_{N+1} = [\boldsymbol{\Phi}_{N+1}^{\mathrm{T}}\boldsymbol{\Phi}_{N+1}]^{-1}\boldsymbol{\Phi}_{N+1}^{\mathrm{T}}\boldsymbol{X}_{N+1} = \boldsymbol{P}_{N+1}\boldsymbol{\Phi}_{N+1}^{\mathrm{T}}\boldsymbol{X}_{N+1} = \boldsymbol{P}_{N+1}[\boldsymbol{\Phi}_N^{\mathrm{T}}\boldsymbol{X}_N + \boldsymbol{\varphi}_{N+1}x_{N+1}] \tag{5-11}$$

因为 $\boldsymbol{X}_N = \boldsymbol{\Phi}_N\boldsymbol{\psi}_N$,$\boldsymbol{\Phi}_{N+1}^{\mathrm{T}}\boldsymbol{\Phi}_{N+1} = \boldsymbol{\Phi}_N^{\mathrm{T}}\boldsymbol{\Phi}_N + \boldsymbol{\varphi}_{N+1}\boldsymbol{\varphi}_{N+1}^{\mathrm{T}}$,故式(5-11)可进一步化简为

$$\begin{aligned}
\hat{\boldsymbol{\psi}}_{N+1} &= \boldsymbol{P}_{N+1}(\boldsymbol{\Phi}_N^{\mathrm{T}}\boldsymbol{\Phi}_N\boldsymbol{\psi}_N + \boldsymbol{\varphi}_{N+1}x_{N+1}) = \boldsymbol{P}_{N+1}[(\boldsymbol{\Phi}_{N+1}^{\mathrm{T}}\boldsymbol{\Phi}_{N+1} - \boldsymbol{\varphi}_{N+1}\boldsymbol{\varphi}_{N+1}^{\mathrm{T}})\boldsymbol{\psi}_N + \boldsymbol{\varphi}_{N+1}x_{N+1}] \\
&= \boldsymbol{\psi}_N - [\boldsymbol{\Phi}_{N+1}^{\mathrm{T}}\boldsymbol{\Phi}_{N+1}]^{-1}\boldsymbol{\varphi}_{N+1}\boldsymbol{\varphi}_{N+1}^{\mathrm{T}}\boldsymbol{\psi}_N + [\boldsymbol{\Phi}_{N+1}^{\mathrm{T}}\boldsymbol{\Phi}_{N+1}]^{-1}\boldsymbol{\varphi}_{N+1}x_{N+1} \\
&= \boldsymbol{\psi}_N + [\boldsymbol{\Phi}_{N+1}^{\mathrm{T}}\boldsymbol{\Phi}_{N+1}]^{-1}\boldsymbol{\varphi}_{N+1}(x_{N+1} - \boldsymbol{\varphi}_{N+1}^{\mathrm{T}}\boldsymbol{\psi}_N) \\
&= \boldsymbol{\psi}_N + \boldsymbol{K}_{N+1}(x_{N+1} - \boldsymbol{\varphi}_{N+1}^{\mathrm{T}}\boldsymbol{\psi}_N)
\end{aligned} \tag{5-12}$$

通常在没有任何先验信息的情况下,设 $\hat{\boldsymbol{\psi}}_0 = 0, \boldsymbol{P}_0 = \boldsymbol{I} \times 10^4$,其中 $\boldsymbol{I}$ 为单位向量。由于递推最小二乘算法每次计算时,只需要保存上一步的参数估计值 $\hat{\boldsymbol{\psi}}_N$ 和 $\boldsymbol{P}_N$,再加上已知的新观测量值,即可求出最新的参数估计 $\hat{\boldsymbol{\psi}}_{N+1}$ 和 $\boldsymbol{P}_{N+1}$。

采用自回归 AR 预测算法对船舶运动姿态进行建模预测的过程如下:

Step 1:对数据进行预处理。利用 ADF、KPSS 等对数据进行平稳性检验,若数据不平稳

则进行差分处理,直到数据平稳。

Step 2:取模型阶次 p,数据长度 L。初值为 $\hat{\psi}_0 = 0$,$P_0 = I \times 10^4$,由递推最小二乘算法进行迭代,得到最终的 $\hat{\psi}$。

Step 3:开始预测,将输入数据和迭代得到的参数 $\hat{\psi}$ 进行运算,得到预测值。

5.3　基于循环神经网络的时间序列预测方法

传统的时间序列预测方法,只能够预测短时间内船舶的运动,通常只有几秒钟,当时间延长,预测偏差就会大幅度增大,并且极易受到外部条件的干扰,无法实际应用于船舶运动姿态的预测。而普通的神经网络预测方法,由于其隐藏层层数、隐藏节点数等系统参数由人来设置,凭经验取得,难免会有选取失当、影响结果的事情发生。除此之外,神经网络可能还会出现维数灾难的问题,因为需要进行大量的训练,经过多次的迭代才能找到最优的参数,有时可能会陷入局部极值无法跳出,没有找到最优参数的情况,因此,单一的神经网络预测方法还有一些问题需要改进,才能满足实际的预测需要。

使用单一的长短期记忆神经网络的预测方法进行预测是比较吃力的,预测的误差也比较大,结合长短期记忆神经网络的特点与发展状况,使用经验模式分解(empirical mode decomposition,EMD)和粒子群优化算法对其进行组合优化,可以提高最终预测的精度。

5.3.1　循环神经网络基本理论

传统的神经网络通常具有三层结构,层与层之间是直接连接的,而每个节点之间是没有连接的,这种神经网络对于很多复杂的问题是没有办法去解决的,例如当人在思考问题、阅读书籍时,人的大脑并不是空白的,人会基于从前学习到的东西对现有的新知识进行理解。与传统的神经网络相比,循环神经网络(recurrent neural network,RNN)是将网络中神经元连接成朝向一个方向的闭合的环的系统。所有基本节点都是通过链式连接的,在对时间序列进行学习和预测时,数据会朝着前进方向不断进行递归运算,因此能够通过数据运算与分析,将一个序列现在的输出信息与之前的存储在系统中信息的关系之间的关系计算出来,循环神经网络具有记忆性、参数共享和图灵完备的特点,被广泛应用于对线性特征不够明显的序列的学习和预测。循环神经网络结构体如图 5-1 所示。

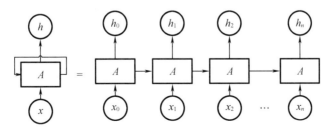

图 5-1　循环神经网络结构图

　　与传统神经网络相比,循环神经网络会对从前出现的数据进行记忆并储存在网络中,在需要时,将其调取出来加入到新一轮的训练和预测中。隐藏层的节点连接方式与传统的神经网络是不同的,后者是无连接的,前者的节点是有连接的。因此在理论上,无论数据多么长,循环神经网络都能够对其进行处理,这解决了神经网络缺乏历史反馈的问题,对时间序列的预测有很大的帮助。

　　RNN 的优越性在于能够调取前几个时刻的数据运用到目前时刻的计算上,即能够使用之前获得的知识来理解现在所遇到的困难。按照原理分析,RNN 可以很简单地调用前几个时刻的数据,但是实际运算中,RNN 想要调用需要的数据并不是没有任何条件的。进行计算时,很多时候需要前几个时刻的数据对现在时刻的计算过程进行辅助,当先前的信息与当前的任务间隔很短时,RNN 可以很好地学会使用先前的信息来处理当前的任务,当需要的信息离现在很远时,间隔变得非常大,那么就会造成两个问题,第一是梯度消失,第二是计算量非常大。在实践中,RNN 无法成功学习这些间隔很远的知识,使得训练变得非常困难,这是 RNN 的长期依赖问题。

5.3.2　长短期记忆神经网络

　　长短期记忆神经网络(long short-term memory,LSTM)是对 RNN 的改进,其通过引入门控算法控制内部信息积累的能力,有效应对 RNN 的长期依赖问题。LSTM 就是最早被提出的 RNN 门控算法,作为一种特殊的 RNN 算法,不仅能够解决长期依赖信息的学习问题,而且在学习时既能解决长距离信息的储存传递问题,又能防止信息因为学习时间太长被系统遗忘。

　　循环神经网络的隐含层只有一个状态量 s,该状态量受短期内输入变化影响较大,因此不具有长期记忆的能力,而 LSTM 网络隐含层除了具有 RNN 隐含层状态量 s 外,增加了一个新的状态量 c,该状态量用来储存网络中的长期状态,LSTM 网络结构图如图 5-2 所示。

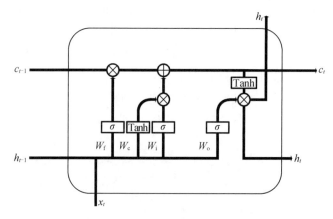

图 5-2　长短期记忆神经网络结构图

　　图 5-2 中,LSTM 网络隐含层的输入有三个,分别是当前的输入值 x_t、上一刻的输出 h_{t-1} 和上一时刻的单元状态 c_{t-1},LSTM 网络能够对信息长期记忆的关键就是对状态 c 的控制。LSTM 单元具有 3 个门,遗忘门、输入门和输出门,可以增加对历史信息的记录。

1. 遗忘门

遗忘门用来控制信息的保留与遗忘,遗忘门的输出为一个(0,1)之间随机数字,1 表示上一时刻的信息会被记忆,信息不会丢失,0 表示上一时刻的信息会被遗忘,不再将其取出用于接下来的计算过程,计算公式如下:

$$f_t = \sigma(W_f \cdot [h_{t-1}, x_t] + b_f) \tag{5-13}$$

式中　σ——sigmoid 函数;

　　　W_f——遗忘门的权重;

　　　b_f——遗忘门的偏置。

2. 输入门

输入门用来控制信息传递给单元状态的量,输入门通过两部分来完成,第一部分通过一个输入门层决定即将要更新的值,第二部分通过 tanh 层建立加入到单元状态中的候选向量,具体计算公式如下:

$$i_t = \sigma(W_i \cdot [h_{t-1}, x_t] + b_i) \tag{5-14}$$

$$\tilde{c}_t = \tanh(W_c \cdot [h_{t-1}, x_t] + b_c) \tag{5-15}$$

式中　W_i——输入门权重;

　　　b_i——输入门偏置;

　　　i_t——输入门的输出向量;

　　　tanh——双曲正切激活函数;

　　　W_c——单元状态权重;

　　　b_c——单元状态偏置;

　　　$\tilde{c}_t$——待输入单元状态值。

LSTM 的单元状态同时受遗忘门和输入门的影响,具体计算过程为:通过遗忘门决定遗忘 $t-1$ 时刻单元状态 c_{t-1} 中的信息,再通过输入门决定待输入的单元状态 $\tilde{c}_t$ 中有哪些信息可以输入,并对两者进行求和得到 t 时刻的单元状态 c_t,计算公式如下:

$$c_t = f_t \odot c_{t-1} + i_t \odot \tilde{c}_t \tag{5-16}$$

3. 输出门

输出门用来控制输出结果,通过输出门计算待输出结果 o_t,通过 t 时刻的单元状态 c_t 计算 o_t 中哪些信息能够输出,得到 LSTM 的最终的输出结果 h_t。计算公式如下:

$$o_t = \sigma(W_o \cdot [h_{t-1}, x_t] + b_o) \tag{5-17}$$

$$h_t = o_t \odot \tanh(c_t) \tag{5-18}$$

式中　W_o——输出门权重;

　　　b_o——输出门偏置;

　　　o_t——输出门输出向量;

　　　h_t——t 时刻 LSTM 的输出。

在以上理论推导中,sigmoid 函数与 tanh 函数的表达式如下:

$$\sigma(x) = \frac{1}{1 + e^{-x}} \tag{5-19}$$

$$\tanh(x) = \frac{e^x - e^{-x}}{e^x + e^{-x}} \tag{5-20}$$

在 LSTM 的神经元结构中,所有门控结构中都包含 sigmoid 激活函数,这是一种单调递增函数,通过 sigmoid 函数把数据归一化到 0 与 1 之间,当值接近 0 时遗忘掉信息,当值接近 1 时记忆信息,同时该激活函数有助于数据在网络传输过程中不易发散,在二分类问题中可以将输出值作为判别的概率。在 LSTM 网络的计算过程中,由于三个门控装置的作用,LSTM 网络摆脱了长期依赖的局限性,在遇到有用的数据信息时,系统可以对信息进行学习、记忆和保留,不会因预测时间太长而导致重要的信息丢失,这对于时间序列的预测是十分有用的。

5.3.3 基于粒子群优化的 LSTM 网络

LSTM 网络可以对时间序列进行预测,但是误差往往不能达到需求,无法进行实际应用,需要对其进行改进。由于 LSTM 预测模型参数是人为选择的,该方式受到了人为主观因素的影响,使预测的误差变大。粒子群(particle swarm optimization,PSO)算法为一种常用的优化算法,可以用 PSO 算法对 LSTM 的隐藏神经元个数与学习率进行系统自动优化,不再进行人工输入,以此降低预测的误差。

粒子群算法是一种基于种群的随机优化技术,源于受到鸟群群体觅食的启发,在鸟群寻找食物的过程中,没有个体知道要去哪里寻找食物,种群只能在生活中的范围内进行大范围的寻找,在快速的同时通过最短的路径找到食物,是每只鸟要努力做到的结果,也是优化问题的关键。通过对上述行为的建模,研究人员得到了粒子群算法的模型,鸟群生存的范围就是优化问题的解的选取范围,每一只鸟就代表优化问题的解;鸟要寻找到食物,即优化问题要达到最优的解。所有的粒子都会通过一个函数计算出自己目前的特征状态,粒子通过不断调整自己的速度和位置来使自己的适应度值和种群的适应度值达到最优,最终找到优化问题中最优的解,完成在范围中的搜索,该函数叫作适应度函数。

粒子群算法中,粒子之间的沟通交流信息的过程可以解释为一种共生合作的行为,在寻找最优解的过程中,粒子并不是孤立地独自进行寻找,粒子在寻找时,可以把自己搜索过的信息记录下来,与群中其他粒子交流,通过其他粒子所探寻过的路径来寻找适合自己的路径,即粒子寻找过程中,会受到自己经历和其他个体的双重影响。正是因为这种特殊的交流方式,粒子可以快速纠正在寻找最优解路径上的错误,大大降低优化的时间,快速找到问题的最优解。

在一个 D 维的搜索空间中,有一个由 n 个粒子构成的种群 $\boldsymbol{X} = \{x_1, x_2, \cdots, x_n\}$,$t$ 时刻粒子 i 的特征信息为

粒子位置:

$$\boldsymbol{X}_i^t = [x_{i1}^t, x_{i2}^t, \cdots, x_{iD}^t]^T \tag{5-21}$$

粒子速度:

$$\boldsymbol{V}_i^t = [v_{i1}^t, v_{i2}^t, \cdots, v_{iD}^t]^T \tag{5-22}$$

个体最优位置:

$$\boldsymbol{p}_i^t = [p_{i1}^t, p_{i2}^t, \cdots, p_{iD}^t]^T \tag{5-23}$$

全局最优位置：

$$\boldsymbol{p}_a^{\;t} = \left[p_{a1}^{\;t}, p_{a2}^{\;t}, \cdots, p_{aD}^{\;t} \right]^{\mathrm{T}} \tag{5-24}$$

在 $t+1$ 时刻，粒子的速度和位置更新：

$$\begin{cases} v_{id}^{\;t+1} = \omega v_{id}^{\;t} + c_1 r_1^{\;t} (p_{id}^{\;t} - x_{id}^{\;t}) + c_2 r_2^{\;t} (p_{gd}^{\;t} - x_{id}^{\;t}) \\ x_{id}^{\;t+1} = x_{id}^{\;t} + v_{id}^{\;t+1} \end{cases} \tag{5-25}$$

式中　c_1 和 c_2——学习因子，分别表示粒子向自身和全局最好位置靠拢的步长；

r_1 和 r_2——在 $[0,1]$ 之间是均匀随机的。

为了维护算法的探索与开发的平衡，一般将粒子的速度和位置限制在 $[-V_{\max}, V_{\max}]$ 和 $[-X_{\max}, X_{\max}]$ 之间。粒子将通过公式不断寻优，直到满足收敛终止条件，收敛条件一般分为两种：迭代次数达到设置值、已经得到可接受的满意解。ω 为惯性权重，描述粒子上一代速度对当代速度的影响，ω 值较大，全局寻优能力强，局部寻优能力弱；反之，则局部寻优能力强，全局寻优能力弱。根据经验，ω 在 $0.8 \sim 1.2$ 之间时粒子群算法有较快的收敛速度，当 $\omega > 1.2$ 时，算法容易陷入局部极值，无法得到最优解。另外，搜索过程中可以对 ω 进行动态调整：在算法开始时，可给 ω 赋予较大正值，随着搜索的进行，可以线性地使其逐渐减小，ω 值较大时粒子的速度较大，能够对于待搜索的范围快速进行一个粗略大致的搜索，先找到较好的位置，再进行细致的搜索。而在后期，ω 减小后，粒子的速度步长也随之减小，粒子将会在前期寻找到的较好区域进行细致认真的搜索，最终找到优化问题中的最优解。通过对 ω 的调整，可以改变粒子的搜索步长和搜索速度，来决定粒子在全局搜索和局部搜索之间所用的比例，减少优化过程所用到的时间。一般采用下式确定 ω 的值：

$$\omega = \omega_{\max} - \frac{(\omega_{\max} - \omega_{\min}) t}{T_{\max}} \tag{5-26}$$

式中　$T_{\max}$——最大进化代数；

$\omega_{\min}$——最小惯性权重，一般 $\omega_{\max} = 0.9$；

$\omega_{\max}$——最大权重，一般 $\omega_{\min} = 0.4$；

t——当前迭代次数。

粒子群优化算法的流程如下：

Step1：对粒子群进行初始化，包括群体规模 n、每个粒子的位置 X_i、速度 V_i；

Step2：计算每个粒子的适应度值 $fit(i)$；

Step3：对每一个粒子，比较适应度值 $fit(i)$ 和个体最优位置 $P_{\mathrm{best}}(i)$ 做比较，如果 $fit(i) < P_{\mathrm{best}}(i)$，则用 $fit(i)$ 替换掉 $P_{\mathrm{best}}(i)$；

Step4：对每一个粒子，用它的适应度值和群体最优化值 $G_{\mathrm{best}}(i)$ 做比较，如果 $fit(i) < G_{\mathrm{best}}(i)$，则用 $fit(i)$ 替换掉 $G_{\mathrm{best}}(i)$；

Step5：迭代更新粒子的位置 X_i 和速度 V_i；

Step6：将迭代更新后的粒子参数与提前设置的边界条件进行比较，超出范围的进行更改；

Step7：判断是否达到最优解的设计指标，是否达到最大的迭代次数，如果达到，则输出最终结果，如果未达到，则返回 Step 2。

具体算法流程如图 5-3 所示。

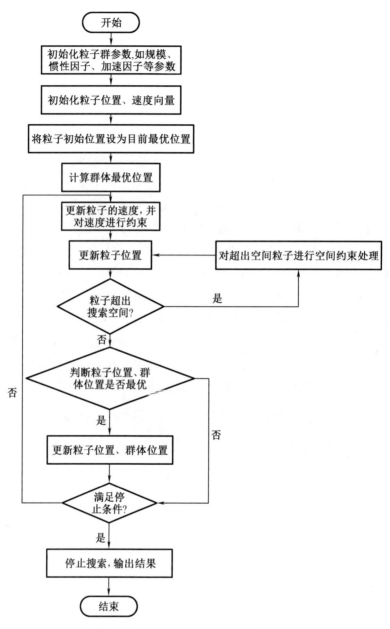

图 5-3　粒子群优化算法流程图

基于 PSO 算法对 LSTM 网络参数优化具体步骤如下：

Step 1：对 PSO 与 LSTM 的网络最初的参数进行代入，包括粒子个数、粒子解范围、迭代次数等。

Step 2：定义粒子群算法适应度函数计算公式：

$$fit_i = \frac{1}{n} \sum_{i=1}^{n} \left| \frac{\overline{y_i} - y_i}{y_i} \right| \tag{5-27}$$

式中　n——数据量；

　　　$\overline{y}_i$——最终预测值；

　　　y_i——实际训练值。

Step 3：根据适应度函数计算粒子群的适应度值。

Step 4：实时更新粒子个体最优位置 $P_{\text{best}}(i)$ 和全局群体最优化值 $G_{\text{best}}(i)$。

Step 5：迭代更新粒子的位置 X_i 和速度 V_i。

Step 6：判断粒子群算法是否达到了终止条件，如果达到了条件，则优化结束，否则转 Step 3 继续迭代。

Step 7：将得到的最优结果对 LSTM 网络的权值进行赋值，对 LSTM 网络进行训练，输出对船舶航行姿态的预测。

具体流程如图 5-4 所示。

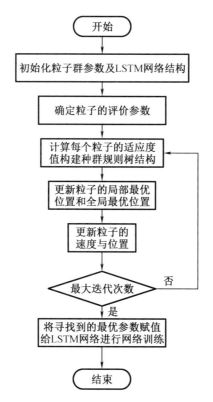

图 5-4　基于粒子群优化的长短期记忆神经网络流程图

5.4　船舶姿态预报建模实例

船舶在海上航行时，其产生的六自由度运动可以看作船体对于风、浪、流等海洋环境扰动信号的响应，实际中这些外部扰动难以准确测量，大多数短时预测研究均不考虑外部扰动的记忆，而仅考虑船舶自身运动状态的记忆，即认为当前时刻船舶的运动姿态与过去时刻的运动姿态之间存在某种联系,故在考虑海况为平稳线性的情况下,可使用自回归 AR 模型预测短时间内的船舶运动姿态信息。

这里除了利用前述线性回归理论和方法以外,针对船舶和海洋环境特性,引入经验模式分解(EMD)。N. E. Huang 用本征模态函数(IMF)来表达不同信号的波动特性,其认为任何一个复杂的序列都可以被分解成数个不同本征模态分量。分解出来的不同的分量之间具有不同的特征尺度,分解的分量按照各自特征由强到弱被依次分解提取出来。分解出来的分量与原始的序列相比,规律性更好。利用不同分量之间尺度不同的特点就可以减小时间性和平稳性比较差的分量对预测带来的影响,使建模变得更加简单,使预测准确率更高。EMD 就是将一个复杂的信号分解成一系列 IMF 的组合。EMD 本质就是一个筛选的过程,筛选即表示 EMD 通过序列自身的特征时间尺度将数据分解,得到不同的 IMF 分量。

EMD 是一种信号处理方法,不需要提前选取基函数范围,因此具有自适应特征,该特性避免了人为因素的参与所造成的干扰。EMD 往往被看作傅里叶分解和小波分解的突破,前者是直观后验的,后者是先验的。EMD 方法在本质上是与傅里叶分解和小波分解不同的,EMD 是对数据或信号序列的平稳化处理,尤其是对于线性水平和平稳性水平都非常差的时间序列来说,EMD 对于这类问题的分析和研究具有十分显著的优越性。EMD 分解方法主要基于三个前提条件:(1)数据至少要拥有导数为 0 的点;(2)数据的局部时域特性只能由最大值和最小值间的时间尺度进行确定;(3)在特殊情况下,数据中可能没有极值点,但是数据必须要有转折点,必须要有这种特殊的数据类型。对数据进行几次微分运算,直到微分后的数据出现极值点,这时可以停止微分运算,对极值点的数据处理后再进行积分运算。

EMD 有如下重要性质,使其非常适合于时间序列的分析或预测任务。

1. 自适应性

EMD 的主要思想是将一个复杂的信号分解成若干个分量序列,降低不同分量之间的相互影响。在信号分解的过程中,EMD 会根据信号自身的特征产生一个信号的基函数,这个基函数是系统给定的,会随着信号特征的变化而变化,与人为因素无关,其本质上是系统自适应地定义了一组具有分解特性的基函数,与其他信号处理方法相比,这是信号处理领域的一种本质上的创新。

2. 显著特征提取特性

EMD 将不同分解后得到的不同的分量按照从高频到低频的顺序依次提取而出,最终得到的 IMF 分量是按照频率由高到低的顺序排列的。而在信号中,能量越大的高频信号往往越能够代表信号的主要特征,因此,通过 EMD 算法可以提取信号中的主要特征,摒弃不重要的低频信号,能够方便快捷地对时间序列信号进行降噪处理。

3. 能够提取信号瞬时表征

通过希尔伯特变换能够将 EMD 分解得到一组单分量序列进行转换,从而得到序列的瞬时频率,这样能够消除傅里叶变换中由于先验知识引入频率分量与序列比对,造成分解结果出现虚假频率的现象。

将船舶航行过程中的姿态运动数据看作一个标准时间序列 $\{x(t)\}$,对于数据序列 $\{x(t)\}$ 进行经验模式分解的步骤如下:

步骤 1:找出时间序列 $\{x(t)\}$ 的极大值和极小值,使用三次样条插值法对序列的极大值和极小值进行拟合,得到时间序列的上包络线 $\{U_t\}$ 和下包络线 $\{L_t\}$ 。

步骤 2:计算上包络线和下包络线的均值,记为

$$m(t) = \frac{L_t + U_t}{2} \tag{5-28}$$

步骤 3:用 $\{x(t)\}$ 减去包络线的均值 $m(t)$,即

$$\xi_1(t) = x(t) - m(t) \tag{5-29}$$

步骤 4:检验 $\xi_1(t)$ 是否满足本征模函数的条件,如果满足将 $\xi_1(t)$ 取为第一个 IMF,记为 $I_1(t)$;否则,将 $\xi_1(t)$ 作为一个新的输入序列,重复步骤 1~4 直到 $\xi_1(t)$ 满足本征模函数的条件,输出本征模态分量。

步骤 5:计算残差:

$$r_1(t) = x(t) - I_1(t) \tag{5-30}$$

步骤 6:以 $r_1(t)$ 作为新的输入序列重复步骤 1~5 直到满足终止条件(通常最后一个残差满足单调性)。通过以上步骤,筛选出一系列 IMF($I_i(t)$, $i = 1, 2, \cdots, n$),原始信号 $\{x(t)\}$ 由这些固有模态函数重建,即

$$x(t) = \sum_{i=1}^{n} I_i(t) + r_n(t) \tag{5-31}$$

式中　$r_n(t)$——EMD 分解的残差。

综上,基于经验模式分解和长短期记忆神经网络的船舶姿态预测模型预测步骤如下:

步骤 1:通过经验模式分解算法,将船舶航行时的横摇角变化序列分解成不同特征值的分量。

步骤 2:将分解得到的不同分量分别输入使用了粒子群算法进行优化后的 LSTM 网络中进行预测,获得多种不同的预测值。

步骤 3:将多组预测值进行相加、求和,并获得最终的预测结果。

步骤 4:将预测结果与真实数值进行比较,计算预测的误差。

5.4.1　基于线性回归的建模实例

采用的训练样本数据是来源于某型船舶在五级海况航速 8 kn 情况下采集到的试验数据,其采样频率为 50 Hz。使用自回归预测算法对船舶姿态进行预测时,选用前 3 000 个数据作为训练样本建立预测模型,预测该型船舶在未来 0.5 s、1 s、1.5 s 的横摇角度。由于不同仿真试验的仿真时间没有明显差别,故这里不针对仿真时间做详细分析,仅对预测精度做分析对比,其预测精度指标用相对均方根误差来表示,其表达式如下所示:

$$\mathrm{RMSE} = \frac{\sqrt{\dfrac{1}{N_1} \sum_{l=1}^{N_1} (\hat{x}_{t+l} - x_{t+l})^2}}{x_{\max}} \times 100\% \tag{5-32}$$

式中　N_1——预测样本训练长度;

　　　l——预测步长。

仿真结果如图 5-5 所示。五级海况预测结果见表 5-1。

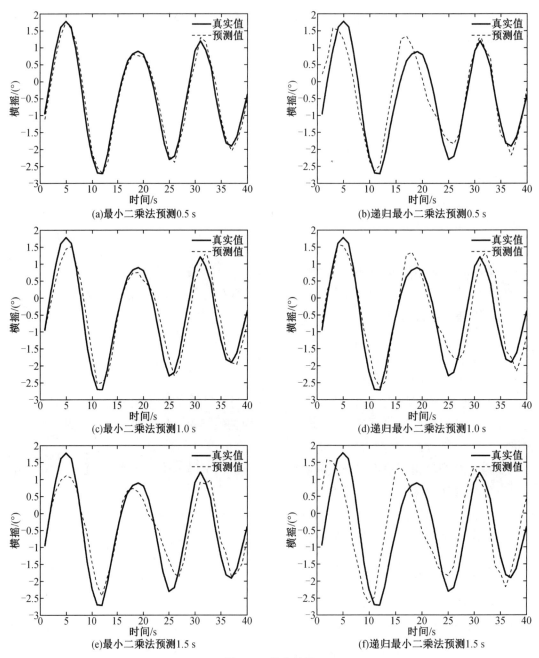

图 5-5　仿真结果

表 5-1　五级海况预测结果（RMSE）

时间	LS	RLS
0.5 s	3.852 2	2.008 7
1 s	9.270 5	7.223 9
1.5 s	13.078 6	11.425 0

5.4.2 基于循环神经网络的建模实例

将三组船舶横摇数据序列分别按照 EMD 流程进行分解,能得到不同尺度的 IMF 分量。如图 5-6 所示。由图可知,经过 EMD 分解后,船舶横摇数据被分解成 IMF1–IMF7 的 7 组不同特征分量,频率由高到低,其中 IMF1 的频率最高,代表序列的高频部分;IMF7 的频率最低,代表序列的低频部分。

三组横摇数据的 EMD 分解图像分别如图 5-6~图 5-8 所示。

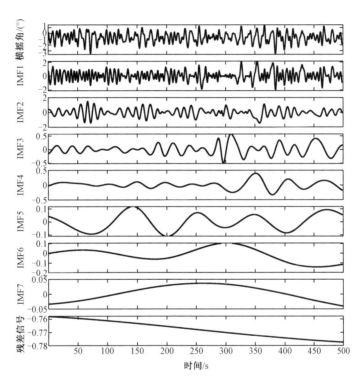

图 5-6　遭遇角为 90°时船舶横摇数据 EMD 分解图

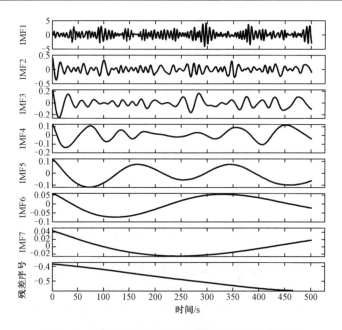

图 5-7　遭遇角 135°时船舶横摇数据 EMD 分解图

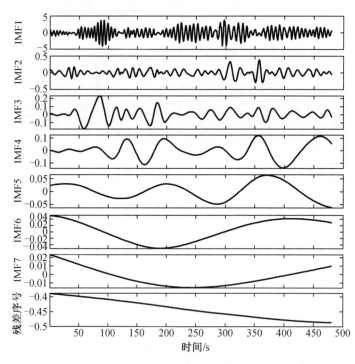

图 5-8　遭遇角为 180°时船舶横摇数据 EMD 分解图

将分解后的分量依次代入预测模型进行预测,然后将预测结果进行求和,预测结果分别如图 5-9~图 5-11 所示。

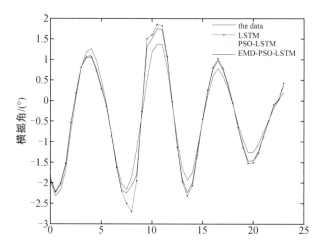

图 5-9　船舶遭遇角为 90° 时,对横摇角的预测结果图

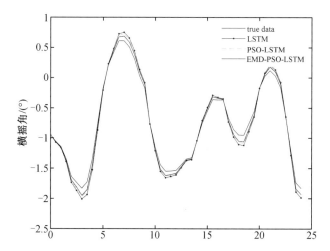

图 5-10　船舶遭遇角为 135° 时,对横摇角的预测结果图

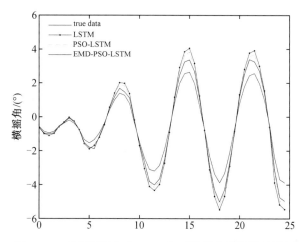

图 5-11　船舶遭遇角为 180° 时,对横摇角的预测结果图

按照公式对船舶预测数据的误差进行计算,计算结果分别见表5-2~表5-5。

表5-2　EMD-PSO-LSTM模型预测误差

模型	90°	135°	180°
MAPE/%	20.09	27.46	27.59
RMSE/(°)	0.619 77	0.570 841	0.224 352

表5-3　横摇角为90°时三种预测模型误差

模型	LSTM	PSO-LATM	EMD-PSO-LSTM
MAPR/%	32.34	25.33	20.59
RMSE/(°)	0.100 017	0.077 713	0.061 977

表5-4　横摇角为135°时三种预测模型误差

模型	LSTM	PSO-LATM	EMD-PSO-LSTM
MAPR/%	38.48	32.03	27.46
RMSE/(°)	0.804 18	0.670 15	0.570 841

表5-5　横摇角为180°时三种预测模型误差

模型	LSTM	PSO-LATM	EMD-PSO-LSTM
MAPR/%	36.38	31.31	27.59
RMSE/(°)	0.306 797	0.249 66	0.224 352

由上面各表可知,预测曲线与实际数据的走向大致相同,与LSTM预测的数据相比,预测曲线更加接近真实值,说明误差更加小,预测更加准确。由表中的数据可以看出,将数据分量分解之后再进行预测,预测出的数据虽然与实际情况还是有一些误差的,但是比原有神经网络预测数据误差减小了非常多,这说明EMD分解对于船舶航行姿态预测是具有正面意义的。

对上表中的数据进行分析,可知不同横摇角的情况下,最终的组合预测网络的MAPE普遍达到了20%。在遭遇角为90°时,MAPE为20.59%,降低了11.75%,RMSE为0.061 977°,降低了0.038 04°;在遭遇角为135°时,MAPE为27.46%,降低了11.02%,RMSE为0.570 841°,降低了0.233 4°;在遭遇角为180°时,MAPE为27.59%,降低了8.97%,RMSE为0.224 352°,降低了0.082 4°。通过仿真试验可以看出,将船舶横摇角数据进行分解之后再预测时,数据的误差基本要比没有分解时低5%,要比最初的单一LSTM网络预测数据低10%左右。EMD分解可以降低复杂分量对于船舶航行姿态预测过程中的影响,使预测的精度更高。

5.5　本 章 思 政

在本章中,以船舶运动预报为例,讲解了基于数据驱动的复杂系统建模原理,本节将以从事我国某快艇的优秀科技工作者为例,开展本章的思政内容。

杨屹,女,海军某快艇女设计师,海军第一位参加护航行动的女性舰艇装备科研工作者,装备研究院某研究室最年轻的主任设计师。1997 年,杨屹负责某型舰艇项目,查找大量国内外快艇发展前沿理论和技术资料,反复研究设计、推理论证、模拟演算,科学的理论依据和充分的试验结论,坚定了她设计建造新型快艇的信心和决心,2002 年,该项目获得军队科技进步二等奖。2011 年 6 月,杨屹主动申请参加第六批亚丁湾护航,成为海军第一位参加护航行动的女性舰艇装备科研工作者。

杨屹的事迹告诉我们,作为一个科研工作者,应保持"世上无难事,只要肯登攀"的劲头,面对科研难题,需要坚持不懈地开展钻研和探索,才能找到问题的解决方案,并一举成功。同时,杨屹的事迹也展现了我国国防科技工作者的艰辛和默默付出,正是他们的奉献,才让我们国家和人民有了保障。

5.6　本 章 小 结

数据驱动的建模方法侧重于利用大量的历史数据或实时数据,来发现系统行为背后的模式和规律,而不依赖于系统的具体机理或先验知识,这种方法适用于处理高度复杂和不确定的系统,可自动从数据中学习复杂系统的特征。本章首先介绍了基于 LS 与 RLS 的线性回归建模方法,包括最小二乘预测原理和递推最小二乘预测原理,然后介绍了基于循环神经网络的时间序列预测方法,最后以船舶姿态预报为例介绍基于数据驱动的复杂系统建模流程。目前将数据驱动与模型驱动相结合的方式是处理时间序列预测问题的新方向,可以提升预报精度和预测时间。

第6章　复杂系统规划建模技术与实例

6.1　引　　言

复杂系统规划模型是用于规划和优化复杂系统操作的数学模型,这些系统通常由多个相互依赖的部分构成,各部分之间关系和行为较为复杂,规划模型需要考虑复杂系统内部的动态性、不确定性和非线性的相互作用。规划模型主要是给定复杂系统内各个模块的规划,使得系统能够执行一系列预定任务,以达到特定的目标。这种规划模型构建方法通常采用人工智能、机器学习等技术,根据系统内模块之间的关系和约束条件,来制定合适的策略和规划方案,从而保证系统能够以最优的方式完成任务。在复杂系统规划建模方面,遗传算法和动态规划算法是最典型的,下面将介绍以上两种方法的相关原理。

6.2　遗　传　算　法

6.2.1　遗传算法基本概念

遗传算法首次提出是在 20 世纪 70 年代,后经过总结归纳形成,遗传算法的特殊之处在于,以生物学为基础,通过对自然界生物进化过程与机制的模仿,创造出一类自组织、自适应的人工智能技术。大自然中生物进化过程所受的影响因素是丰富而复杂的,所以与之对应的进化目标也是十分多变的,生物进化结果也是经受着多重影响因素的进化需求的作用才得到的。

遗传算法的特点亦是其独有的优点:通过对生物进化的模仿能够处理复杂非线性问题。遗传算法广泛应用于各个领域,对于寻找极值、寻找最优解等方面的问题有独特的优势,遗传算法理论研究主要包括遗传算法的编码方式、新结构研究、参数选择、如何提高搜索效率及全局收敛性、基因操作策略、性能研究与其他算法的综合比较研究等,遗传算法的重要意义还在于为目前使用数学手段难以解决的复杂问题提供了新的解决思路。

以下是遗传算法中的一些重要的名词:

(1)个体:又称为染色体,在遗传算法中代表问题的解,用一串数据或数组来代表它。染色体的质量评价标准是适应度。其代表着染色体对环境的适应程度,适应度的高低与染色体质量的高低成正比,适应度越高则染色体更有可能被遗传下去。

(2)基因:染色体上的数据位,是由基因组成的串,也由基因决定其特性以及是否能够保留。是遗传算法中的最小单位。

（3）群体:由一定数量的个体组成的集合,在一个群体中个体数量的多少决定着群体的大小,或者群体的规模。

6.2.2　遗传算法的基本操作

编码可以将现实中存在的问题所需的答案用染色体基因串的形式表达出来,这是一种用遗传算法来为现实问题求解的方法。同样,编码的内容也决定着遗传算法是否能够顺利。编码会对遗传算法的效率和性能都产生重大影响。用数据串或者数组的形式来表达现实问题的解。

1. 编码

为了日常的使用,也同样提出了二进制编码,这一编码方式也是目前最常用的编码方式之一。它的优点在于使用二进制编解码会更加便捷,同时方便遗传算法操作,包括交叉、变异等行为的实现,但在面对高精度、多维度的问题时,就面临个体长度大,精度低,效率低的问题。面对这样的情况,其他编码方式也应运而生。如格雷码编码、实值编码、十进制编码等。在这几种编码方式中最值得关注的是实值编码,因为它提高了运行效率,本次研究倾向于使用实值编码的方式来完成船舶路径规划的遗传算法设计。

2. 生成初始种群

种群初始化利用随机的方式进行。种群大小即为种群内个体数 N。每个个体的表示形式即为染色体。即一串数据或者数组,数据域就在全部搜索空间内。种群的初始化和进化计算的基础共同构成了遗传算法操作的开端。

3. 适应度函数

适应度函数的设计与约束条件、考虑因素、优化目的等有关。适应度函数没有固定的形式,设计灵活,可对具体问题进行针对性的设计,形式多样。

4. 适应度评价

适应度评价主要通过对个体的优劣性的分析来判断与现实问题的解的符合程度的高低。

评价的方式为通过适应度函数来计算出相应的适应度值并比较群体中不同个体的优劣性。由此可以总结出以下需遵循的设计准则:适应度函数值需要全部同号。适应度函数与个体的优劣性单调相关。个体的优劣性与目标函数相关。可以针对不同的情况来设计相关参数,有时视经验而定。

5. 选择

potts 总结了 23 种方法来设计选择算子。选择算子仿照适者生存的自然规律,选择优质个体,淘汰劣质个体。优质个体有着更高的优先级,更有机会繁育后代,让其基因有更高的概率进入下一代。具体在算法中的体现即是在当前种群中依照适应度值来对染色体进行选择,对适应度值高的染色体进行保留策略。

常用的选择算子设计方式包括如下几种:

（1）轮盘赌选择:利用轮盘赌法的方式,设定一定的选择概率。选择概率的值由被操作个体适应度值和整体适应度值的比值确定。这种方式较好地体现了越优的个体越具有竞争力,即越有可能被选择,既保证了算法的收敛性,又模拟了自然选择的过程。

（2）录优操作:通过对该次代的适应度最高的个体进行保留至下一代的选择策略。该方式能较好地保存最优秀个体的染色体信息。不在遗传算法操作中丢失遗传信息。

（3）随机群落选择:随机选取 m 个个体构成群落。在该群落中选出最优的染色体进行录优操作。重复进行上述操作 N 次,N 为种群规模。

6. 交叉

交叉模拟的过程便是生物学中交配后染色体的交叉现象,该过程产生的子代保留了双方父代的特点,达到了产生新个体的目的,有一定概率产生更优秀的个体,决定了算法是否能进行满足要求的局部搜索。交叉算子在本书中采用单点交叉来进行算法设计。单点交叉即指在两个个体染色体中确定一个基因位不变,在其余部分进行基因内容的交叉互换。

7. 变异

变异操作即对指定个体的某些或单个的基因进行突变。突变范围为该基因位上的等位基因。该方式能够丰富种群的多样性从而产生更多不同特征的新个体。由于选择算子和交叉算子都是针对该种群中的现有个体,因此变异体现了遗传算法进化的活力。仅存在交叉选择不能在搜索空间获取新的基因,且容易失去种群多样性并出现种群早熟的现象。因此必须有变异环节的存在,来增强局部搜索能力。

6.2.3　遗传算法参数选择

1. 种群规模 N

种群规模即为种群中的个体数量。种群规模是算法精度的重要影响因素之一,规模越大越能提高种群中的个体多样性,相应的减少种群早熟的可能,从而提高算法的精度,代价则是效率会随种群规模增大而降低。种群规模的选择需综合考虑效率和精确度。

2. 染色体长度 Nc

染色体的长度选择受编码形式影响,由问题本身和如何编码决定。染色体长度即为单个个体上基因的个数,越多则越能提高该个体的描述分辨率从而提高精度。但同时,染色体过长会导致算法效率低下,所需进化次数过多等结果。因此在染色体长度参数选择上需要对具体问题针对性选择。

3. 交叉概率 Pc

概率确定了交叉产生的频率。频率与新个体的生成率成正比,越高有利于收敛到最佳解决方案区域。但是,如果频率太高,则可能会导致局部最优解的产生。通常,选择 Pc 大于0.4,但也有必要根据具体情况分析需求。确定交叉概率的另一种方法是结合自适应算子来调整交叉概率。

4. 变异概率 Pm

变异概率又称突变概率,反映了单个染色体突变的概率。突变概率太低不利于增进整体多样性,并且很容易陷入局部最优解。太高的突变概率将使遗传算法失去其固有优势,通常选择 0.01~0.2 是合理的。当种群较小时,为了确保突变操作的存在,有必要适当地增加突变概率。

5. 最终迭代次数 T(终止条件设计)

终止条件首先包括迭代次数。当迭代次数也就是遗传算法进化到迭代次数 T 时即终止算法。另外可以加上其他终止条件,如整体适应度平均值趋于稳定、多次迭代结果得到的最优适应度值始终不变,或者适应度值达到规定适应度值时算法终止。最后一种终止条件一般在适应度值在确定范围内的情况下使用。

6.2.4 遗传算法执行过程

遗传算法的基本操作包括编码、初始化种群、个体适应度评价、选择录优、交叉、变异、终止条件判断。具体步骤如下:

Step1:染色体编码,即对染色体进行实值编码或者二进制编码。若不是实值编码一般需要设置解码操作。这里设置为实值编码。

Step2:遗传算法基本参数的录入,包括最终迭代次数即终止条件的录入以及各操作概率与种群规模。

Step3:种群初始化。依照输入的种群规模、染色体长度随机生成规定的编码后的个体、种群。

Step4:个体适应度评价。通过适应度函数评价各个个体,分别得到适应度值。

Step5:对种群进行遗传算法操作。

Step6:进行终止条件判断。若满足终止条件则算法结束,不满足则重复操作 Step 4 和 Step 5。

6.3 D∗规划算法

D∗算法维护一个优先状态队列 OPENSET,该队列的特性是插入一个新元素时,队列按照元素的某一个值进行从小到大的排列。这样队列每次取出一个值时,总是得到队中排列依据值最小的那个元素,在 D∗中队列的排序依据 k 值,该队列在 D∗中用于传播边的成本变换和累计计算空间中状态的路径成本。每一个状态 X 都包含一个标志位 tag(X),tag(X)=NEW,表示状态 X 没有被搜索算法扩展过;tag(X)=OPEN,表示状态 X 在 OPENSET 中;tag(X)=CLOSED,表示状态 X 被搜索算法扩展过。在 D∗中 OPENSET 的排列依据是状态的 k(G,X)值,D∗算法的搜索过程是从后向前的,也就是首先用 Dijkstra's 算法从目标点向当前位置搜索路径,算法运行过后会得到每一个状态 X 到目标状态 G 的路径的最小代价 h(G,X)。在首次 Dijkstra's 算法搜索时,每个状态的 k 和 h 是相等的,在之后的地图变化时,h 值会发生变化,k 值总是等于变化前后的较小的 h 值。

在 h 值变化后会将状态 X 分为两种类型:RAISE 状态,k<h;LOWER 状态,k=h。D∗算法在 OPENSET 中利用 RAISE 状态传播路径成本上升的信息,利用 LOWER 状态传播路径成本下降的信息。该传播是通过从 OPENSET 中重复提取状态并扩展来进行的,每次从 OPENSET 中删除一个状态时,它都会被扩展为将成本更改传递给它的邻居节点。这些邻居节点依次被列入 OPENSET 中,以继续这个过程。

  D * 算法主要由两个函数组成:PROCESS_STATE( )和 MODIFY_COST( )。PROCESS_STATE( )用于计算目标的最优路径成本,MODIFY_COST( )用于更改状态间的成本 $c(X1, X2)$,并在 OPENSET 中输入受影响的状态。初始化时,所有状态设置为 tag = NEW,$h(G)$ 设置为零,并将节点 G 放在 OPENSET 中。反复调用 PROCESS_STATE( ),直到机器人当前的状态 X 从 OPENSET 中弹出。然后,机器人继续跟踪序列中的反向指针,直到它达到目标位置或发现下一个执行的节点成本函数有所变化,这时调用第二个函数 MODIFY_COST( ),以纠正节点间的转换成本并将受影响的节点重新放在列表中。假设这样的情况发生了,继续调用 PROCESS_STATE( )直到它弹出的节点的 k>=h,此时,一个新的路径已经构建出来,机器人继续跟随路径中的反向指针指向目标。下面是 D * 算法描述。

Algorithm 1 D *

1:$h(G) = 0, k_{min} = -1$

2:while $k_{min} = -1$ 且 Start 节点在 OPENSET 中

3: k_{min} = PROCESS_STATE( )

4:if $k_{min} = -1$

5: 无法到达目标

6:else

7: while 1

8: while 没有到达目标且 map 没有更新

9:   机器人追踪最优路径

10: if 到达目标

11:   结束

12: else

13:   Y 为当前机器人所处的状态,X 为下一个发生变化的节点

14:   MODIFY_COST(X, Y, cval)

15:   while $k_{min} \leq h(x)$ 且 $k_{min} \neq -1$

16:    k_{min} = PROCESS_STATE( )

17:   if $k_{min} = -1$

18:    结束

  其中 MODIFY_COST( )算法如下所示。

Algorithm 2 MODIFY－COST(X,Y,cval)

1:c(X,Y)= cval

2:if t(X)= CLOSED

3: INSERT(X,h(X))

4:返回 GET_KMIN( )

在 MODIFY_COST( )函数中,成本函数用更改后的值进行更新。由于节点 Y 的路径成本将发生变化,因此 X 将被放置到在 OPENSET 队列中。当 X 通过 PROCESS_STATE( )扩展时,它计算一个新的 h 值,即 $h(Y)=h(X)+c(X,Y)$,并将 Y 放置到 OPENSET 队列里,Y 的成本将传播到它的后代中。

PROCESS_STATE( )函数如下所示。

Algorithm 3 PROCESS_STATE( )

1:X = MIN_STATE

2:if X = NULL

3: 返回-1

4:k_{old} = GET_KMIN( )

5:if k_{old}<h(X)

6: for each X 的邻居节点 Y

7: if $h(Y) \leqslant k_{old}$ 且 $h(X)>h(Y)+c(Y,X)$

8: b(X)= Y

9: $h(X)=h(Y)+c(Y,X)$

10:if $k_{old}=h(X)$

11: for each X 的邻居节点 Y

12: if t(Y)= NEW 或 (b(Y)= X 且 $h(Y)\neq h(X)+c(X,Y)$) 或 (b(Y)$\neq$X 且 h(Y) >h(X)+c(X,Y))

13: b(Y)= X

14: INSERT(Y,h(X)+c(X,Y))

15:else

16: for each X 的邻居节点 Y

17：　　　　if t(Y) = NEW 或 (b(Y) = X 且 h(Y) ≠h(X)+c(X,Y))

18：　　　　　b(Y) = X

19：　　　　　INSERT(Y,h(X)+c(X,Y))

20：　　　else

21：　　　　if b(Y) ≠ X 且 h(Y) >h(X)+c(X,Y))

22：　　　　　　INSERT(X,h(X))

23：　　　else

24：　　　　if b(Y) ≠ X 且 h(Y) >h(X)+c(X,Y)) 且 t(Y) = CLOSED 且 h(Y) >k_{old}

25：　　　　　　INSERT(Y,h(Y))

26：返回 GET_KMIN( )

其中 MIN_STATE 返回 OPENSET 中位于队列头部的节点,如果 OPENSET 为空就返回 NULL。GET_MIN 返回 OPENSET 中首个节点的 k 值,如果 OPENSET 为空则返回-1。DELETE(X)是删除 OPENSET 中的 X 节点,并将 S 节点的 tag 设置为 CLOSED。INSERT (X,h_{new})表示如果 t(X) = NEW,令 k(X) = h_{new},如果 t(X) = OPEN 或者 CLOSED,令 k(X) = min(h(X) ,h_{new}),把 h = h_{new}、t(X) = NEW,并将 X 以 k 值为排序依据放入 OPENST。

在 PROCESS_STATE( )中的 1~4 行,表示将 OPENSET 中 k 值最小的节点取出称之为 X,如果 X 为 LOWER 状态,比如 k(X) = h(X),那么 h(X) = k_{old},则在地图中这个点就是路径消耗最优的。

在第 10~14 行,每一个 X 节点的相邻节点 Y 都被做一侧检查,检查到达它们的路径消耗是否可以更小,另外那些相邻节点是 NEW 状态的会被初始化,在这一过程中,X 路径成本的改变将会传播到 Y,不管新的路径成本相较于原先是增大还是减小。因为在当前的扩展相邻节点的情况下,这些状态只能由 X 到达,所以 X 状态的改变一定会影响它们。Y 的反向指针被重定向,指向 X。所有的邻居节点获得了一个新的路径成本值,并重新放回到 OPENSET 列表中,这就实现了路径成本值传播。

如果 X 的状态是 RAISE,那么它的路径成本可能不是最优的,在 X 节点将路径成本传递到它的邻居节点之前,它最优的邻居节点首先被检查是否可以降低 X 的 h 值 ,这部分对应算法中的 5~9 行。算法的 16~19 行表示 LOWER 状态的成本改变传播到 tag = NEW 的节点和直接相邻的子节点。算法的 21~22 行表示如果 X 能够降低非直接相连的后代节点的路径成本,那它只能先放入 OPENSET 队列中等待之后弹再做扩展。算法的 24~25 行表示如果路径成本能够被一个次优邻居降低,那么这个邻居节点也要放入 OPENSET 队列,这样次优的路径成本传播就被放置在最优传播的后面了。

图 6-1 是在二维空间中使用 D＊算法的试验结果,在 2 维栅格地图上,设置起点坐标为 (5,5),终点坐标为(45,25),每当路径上有新的障碍物时,算法会重新规划路径。比起 A＊和 Dijkstra's,D＊在重规划时只会重新扩展图 6-1 中灰色部分的节点,而 A＊和 Dijkstra's

会重新计算。

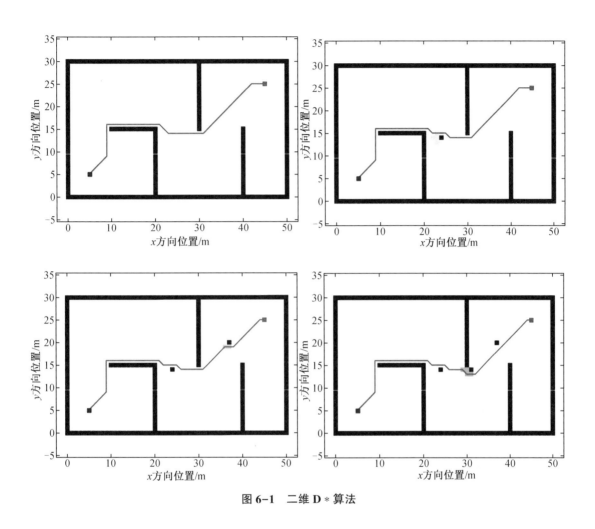

图 6-1 二维 D * 算法

6.4 基于遗传算法的船舶航线规划建模实例

船舶航行前需要为其设计一条安全可靠的预定航线,该航线需要综合考虑安全性和经济性,确定航线后需要进一步为船舶设定理想的航速,保证船舶可以按照最短时间、最小油耗等指标在指定时间到达目的地。本节基于船舶动力学模型,考虑海图数据中陆地障碍信息,通过改进遗传算法设计船舶航线规划算法,有效避开海图中静态障碍物和航行区域内的动态目标船,并采用动态规划原理,设计可实现多目标优化的航速优化算法,通过仿真手段验证算法的有效性。

6.4.1 海图上陆地目标检测算法设计

在以往的航线规划任务方面,研究人员往往将海图中的陆地目标简化为规则图形,以便于碰撞检测处理,但这并不符合实际海图上物标的形状,因此得到的规划航线也并不是最优的。为解决该问题,在墨卡托坐标系(大地坐标系)上描述电子海图上的陆地物标,并按照实际物标形状作为陆地目标检测对象,通过提取电子海图中物标离散点形式,在墨卡托坐标系中绘制和存储陆地轮廓点。基于四叉树思想,设计船舶任意航段与不规则多边形相对位置的检测算法,为后续船舶航线规划中搜索航线与陆地相对位置关系检测提供算法基础,规划航段与岛屿位置关系检测原理图如图6-2所示。

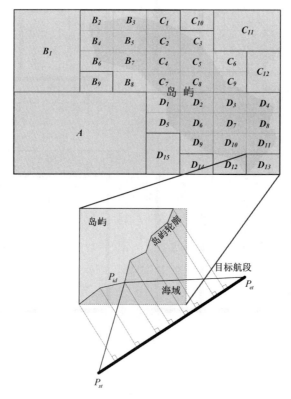

图 6-2 规划航段与岛屿位置关系检测原理图

本书将海图中陆地元素按照其实际的不规则多边形来表示。图6-2为一块海图所示的矩形区域,这里采用四叉树基本原理,设定一定的切分尺寸,提取该海图区域内所有的陆地外轮廓点。这些点是具有一定顺序和方向的点列,考虑到部分海图矩形区域点的数量有限,本书采用点列插值方法,对海图中陆地点列统一处理。将图6-2所示矩形切分到规定尺寸的最小矩形元素,在此基础上构建含有深色背景所表示的陆地元素的树形数据结构,如果切分过程中某些矩形不包含陆地元素,则不再继续向更小尺寸矩形方向划分。如图中A、B_1、C_{11}、C_{12}、D_{15}不包含陆地元素,则这些矩形为四叉树中的末端,其余含有陆地元素的矩形被划分到规定的最小矩形,完成四叉树数据结构的构建工作。

在明确待优化目标航段后,可直接利用含有陆地元素的四叉树数据结构,逐一判定待优化航段与四叉树中岛屿元素的位置关系,共存在两种位置关系,如图6-3所示,其中AB表示待优化航段,C和D为含有陆地元素四叉树矩形中相邻的两个陆地轮廓点。

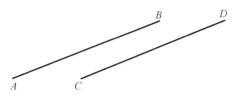

（a）目标航段与陆地外轮廓相邻两点连线不交叉情况

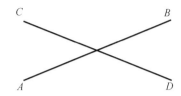

（b）目标航段与陆地外轮廓相邻两点连线交叉情况

图 6-3　待优化航段与陆地元素关系

本书首先开展快速判定：通过两条线段 AB 和 CD 在对方上是否有投影，来判断线段有无重合情况，即判断其中一个线段中 x 较大的端点是否小于另一个线段中 x 较小的段点，若是，则说明 AB 和 CD 无交点，同理判断 x，实现原理如下：

$$\begin{cases} \max(C(x),D(x))<\min(A(x),B(x)) \\ \max(C(y),D(y))<\min(A(y),B(y)) \\ \max(A(x),B(x))<\min(C(x),D(x)) \\ \max(A(y),B(y))<\min(C(y),D(y)) \end{cases} \tag{6-1}$$

如式（6-1）中任一条件被满足，则 AB 和 CD 无交点。

如果上述条件不满足，则开展下一步的条件判定：计算矢量叉积。如果 AB 和 CD 相交，则表示上图（b）中点 A 和 B 分别在线段 CD 的两侧，点 C 和 D 分别在线段 AB 的两侧，进一步说即 $\overrightarrow{AD}$ 与 $\overrightarrow{BD}$ 分别在 $\overrightarrow{CD}$ 的两侧，同时也要证明 $\overrightarrow{CB}$ 与 $\overrightarrow{DB}$ 分别在 $\overrightarrow{AB}$ 的两侧，可以用下式表示：

$$\begin{cases} (\overrightarrow{AD}\times\overrightarrow{CD})\cdot(\overrightarrow{BD}\times\overrightarrow{CD})\leqslant 0 \\ (\overrightarrow{CB}\times\overrightarrow{AB})\cdot(\overrightarrow{DB}\times\overrightarrow{AB})\leqslant 0 \end{cases} \tag{6-2}$$

如式（6-2）两个条件同时满足，则表示线段 AB 和 CD 相交。

为便于后续船舶航线规划寻优工作，本书开展一些预处理工作，具体如下所示：

（1）设定划分电子海图最小矩形尺寸阈值

考虑到四叉树矩形边长过小情况，将会导致待优化航段与有效的四叉树数据结构中获得的陆地轮廓点比较，为此这里设待优化航段与陆地元素的安全距离为 D_{safe}，则四叉树过程中的设定的最小矩形边长 L_{rmin} 满足下式：

$$L_{rmin}\geqslant D_{safe} \tag{6-3}$$

（2）设定岛屿轮廓点插值距离上限阈值

考虑到海图中陆地轮廓点列可能会出现相邻点间距过大情况，这种点列稀疏情况会导致后续航段寻优目标函数不准确，进而影响航段的整体寻优效果，这里对原始海图中陆地

元素点列做插值处理,插值后相邻轮廓点之间的距离 P_1P_2 满足下式:

$$P_1P_2 \leqslant 0.5D_{safe} \tag{6-4}$$

如图 6-2 所示,线段 $P_{st}P_{et}$ 为待优化航段,起点和终点分别为 (x_{st}, y_{st}) 和 (x_{et}, y_{et}),最小矩形区域内含有陆地轮廓的有序点列,这里以陆地轮廓一点 $P_{id} = (x_{id}, y_{id})$ 为例,可以计算该点到待优化航段的距离 D_{Line}:

$$\theta_{Line} = \frac{P_{id}P_{st} \cdot P_{id}P_{st} + P_{st}P_{et} \cdot P_{st}P_{et} - P_{id}P_{et} \cdot P_{id}P_{et}}{2P_{id}P_{st} \cdot P_{st}P_{et}} \tag{6-5}$$

$$D_{is} = \sqrt{(x_{id}-x_{st})(x_{id}-x_{st}) + (y_{id}-y_{st})(y_{id}-y_{st})} \tag{6-6}$$

$$D_{Line} = D_{is} \cdot \sin(\arccos \theta_{Line}) \tag{6-7}$$

式中 θ_{Line}——向量 $P_{id}P_{et}$ 对应的三角形内角;

D_{is}——向量 $P_{id}P_{st}$ 的长度。

如待优化航段与相邻点列的关系为不交叉情况,则利用上式可确定待优化航段与陆地点列的最小距离。如该距离小于 D_{safe},则表示该目标航段为危险航段;如待优化航段与陆地外轮廓相邻点列的关系为交叉情况,则无须判定距离而直接确定该待优化航段为危险航段;如满足不交叉且点列与待优化航段的距离大于 D_{safe},则 D_{Line} 被引入到后续寻优过程中。

在前面设计方法的基础上,本书进一步设计可代表该不规则多边形的圆形区域,在某些情况下代替该多边形。该工作的主要用途有三个:其一可在后续仿真过程中,简化处理静态障碍物;其二可在实际应用该过程中对部分影响不大的静态障碍物简化处理;其三可在实际规划过程中,将所有不规则多边形简化为圆形方式,获得待规划初始航线。圆形区域获取算法如下:利用海图中不规则多边形的点列位置坐标,计算所有点中距离最远的两个点,作为圆形直径,取两点中点作为圆形的圆心,可获得包围该不规则多边形的最小圆形。以图 6-4 为例,图中岛屿为海图中获得的点列,容易得 A 点(21°4.219′N,109°7.77′E)和 B 点(21°0.508′N,109°5.909′E)为距离最远的两点,为此取圆心为两点的中点 C 点(21°2.364′N,109°6.84′E),经换算后圆形半径为 4 078.2 m。

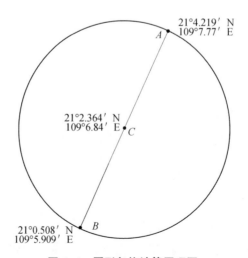

图 6-4 圆形包络计算原理图

6.4.2　船舶航线规划优化目标函数设计

6.4.2.1　航线规划影响因素分析

船舶航线自动规划过程中,需要综合考虑多项影响因素,这些因素影响船舶的安全性、经济性以及操船的复杂性等。

1.船舶航程

该因素直接影响船舶的航行距离和时间,是影响船舶航行经济性的最重要因素,也是衡量船舶航行成本的最重要指标。由于航程影响能耗和经济效益,甚至影响航行意外风险等,因此船舶航程需要尽可能短,以此规避航行过程可能遇到的风险,并且可以降低经济成本、风险成本以及能源消耗。

2.各航段转角

相邻航段的夹角影响船舶改变航线的情况,船舶通过转动舵角来改变航线,而转舵的过程中,船舶航速会有所降低,在影响航行时间的同时也会带来额外能耗。由于船舶的回转行为会导致速降、路径长度变长、复杂度上升,为此各航段的转角应尽可能小。

3.航段与静态障碍物距离

船舶与陆地(岛屿、礁石等)的距离是影响船舶安全性和经济性的重要因素,如船舶距离岛屿过近,则存在船舶触礁的可能性,如船舶距离岛屿过远,又会导致增加航程,进而影响航行时间,为此需要动态评价该指标。

4.航段与目标船距离

在船舶航行事故中,出现最多的就是本船与目标船的碰撞事故,为此需重点关注在航线规划过程中避让目标船,从规划的角度避免本船与目标船出现会遇情况,进而增加额外航段,增加船舶航行的安全性。

5.船舶航行时间

船舶的航行时间成本也是船舶航行成本的重要考量。结合船舶的回转降速运动学模型,考虑船舶回转降速对航行时间的影响以及路径平滑度:考虑路径转弯的角度,由于船舶的回转行为会导致降速、路径长度变长、复杂度上升。因此加入路径平滑度可达到一定程度上综合上述要素的目的。

6.船舶航行风险

船舶航行风险用于评估航线的综合安全程度,与静态障碍物、动态障碍物等存在直接关系。

6.4.2.2　航线规划评价函数设计

在考虑以上影响因素的基础上,需要对各影响因素构建量化的评价函数,以此构建可评价船舶航线优劣程度的综合评价函数,作为后续优化算法的指标函数。

1.航程评价函数

考虑到船舶航线调整时转弯距离与直航距离相比较小,为此本书航程评价函数只利用

各航段的线段长度衡量,航程函数 L_{traj} 表示为

$$L_{\text{traj}} = \sum_{i=1}^{n-1} \sqrt{(P_x(i) - P_x(i+1))^2 + (P_y(i) - P_y(i+1))^2} \tag{6-8}$$

式中 n——规划航迹点的数量;

P_x 和 P_y——各规划航迹点的横纵坐标。

2. 相邻航段转角评价函数

本书采用相邻待优化航段所成角度来综合评价转角函数 θ_{traj},详见下式:

$$\theta_{\text{traj}} = \sum_{i=1}^{n-1} \theta_{i,i+1} \tag{6-9}$$

式中 $\theta_{i,i+1}$——相邻待优化航段的夹角,该角度为小于 π 的夹角,该值通过几何运算容易获得,此处不做赘述。

3. 航段与静态障碍物距离评价函数

本书在电子海图中提取陆地元素的有序点列,利用点列中的经纬度坐标和待优化航段端点的经纬度坐标,容易算出每块陆地与待优化航段的距离,以此来评价与静态障碍物的距离,用 D_{sta} 表示,详见下式:

$$D_{\text{sta}} = \sum_{j=1}^{N_{\text{sta}}} \left(\min \sum_{k=1}^{N_{\text{tra}}-1} d_{j,k} \right) \tag{6-10}$$

式中 N_{sta}——电子海图中静态障碍物的数量;

$N_{\text{tra}}-1$——待优化的航段数量;

$d_{j,k}$——电子海图中第 j 个障碍物与待优化航段中第 k 个航段之间的距离。

4. 航段与目标船距离评价函数

在航线规划过程中,目标船的尺寸对航线优化影响不大,为此本书将目标船简化为质点,以得到其与待优化航段的距离,动态目标船对航线优化的评价函数用 D_{dyn} 表示,详见下式:

$$D_{\text{dyn}} = \sum_{j=1}^{N_{dyn}} \left(\min \sum_{k=1}^{N_{tra}-1} d_{j,k} \right) \tag{6-11}$$

式中 N_{dyn}——航行区域内目标船的数量;

$N_{\text{tra}}-1$——待优化的航段数量;

$d_{j,k}$——航行区域内第 j 个目标船与待优化航段中第 k 个航段之间的距离。

5. 船舶航行时间评价函数

本书进行路径平滑处理,将各路径点采用线段连接,每段路径线段之间的角度为 θ_j,如图 6-5 所示。

则由四点共圆可得定常回转运动圆弧角度为 θ_j。平滑连接要求该圆弧与两段路径线段相切,且切点在线段范围内。因此设计圆弧段各切点在 B_{j1} 和 B_{j2},使 $A_jB_{j1} = A_jB_{j2} = \dfrac{1}{4}\min\{A_{j-1}A_j, A_{j+1}A_j\}$,即圆弧与夹着圆弧的两条线段当中的较短路径的 1/4 处设为切点。得到 B_{j1} 和 B_{j2} 的坐标 (x_1, y_1) 和 (x_2, y_2),通过计算可得圆弧圆心坐标 (x_r, y_r) 与两条切线之间的关系式如下:

$$\begin{cases} x_r = (y_2 - y_1 + k_1 x_1 - k_2 x_2)/(k_1 - k_2) \\ y_r = k_1(x_r - x_1) + y_1 \end{cases} \tag{6-12}$$

式中　k_1 和 k_2——船舶两相邻航段的斜率,由此可求得规划的定常旋回半径 R。

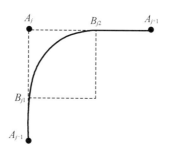

图 6-5　路径平滑示意图

设计如下形式的船舶航行时间适应度函数:

$$F_{\text{time}} = T_{\text{straight}} + \sum T_{aj}, \theta_j \neq 0 \tag{6-13}$$

式中　T_{straight}——直线段上的航行时间;

　　　T_{aj}——转弯路径点所夹角的平滑后圆弧段船舶定常回转并恢复直航所通过的航行时间。

6. 基于人工势场的航线风险评价函数

本书在设计综合评价函数时,借鉴人工势场的基本思想来设计航线风险评价函数。人工势场是参照物理静电场的基本模型,在船舶航行过程中,将静态障碍物和动态障碍物视为一个带电量为 Q 的正点电荷,并且其作用范围用 R 表示,作用范围与障碍物尺寸和设定的安全距离有关。同时在终点上设置一个负点电荷,该电荷对船舶产生一个引力势场,本船视为一个带正电的点电荷。在船舶航线规划任务中,静态障碍物和动态障碍物对本船产生斥力,航行终点对本船产生引力,这样规划航线更容易得到可行解。

这里将静态障碍物、动态障碍物和船舶航线终点建立正、负点电荷模型,并确定各点电荷的势场范围半径 R。其范围与障碍物本身的半径和安全距离有关。将该模型与适应度函数结合,希望能保证路径点不取到障碍物内部。

针对待优化航段的第 j 个航段 A_j,则障碍物与该航段路径点距离为

$$d_{ij} = |O_i A_j| \quad i \in [1, m], j \in [1, N_c] \tag{6-14}$$

在适应度函数设计中,将静态障碍物模拟成放在 P_i 点,即各障碍物圆心的正点电荷为 q_i,电荷量 Q_i 需与障碍物半径 R_i 成正比,即

$$Q_i = k_p R_i \tag{6-15}$$

式中,k_p 为电荷量与障碍物半径关系的比例系数。

则点电荷 q_i 的作用距离障碍物圆心 P_i 为 d 的空间任一点所在位置的电势为

$$\varphi_i = \frac{k_{\text{ga}} Q_i}{d}, d \neq 0 \tag{6-16}$$

注意这里 k_{ga} 与静电场中的 $1/4\pi\varepsilon_0$ 相区别,利用静电场模型,并不需要将系数限制固

定,在这里 k_{ga} 被直接设计为遗传算法适应度函数的权值。

这里仅需要求航线路径点不在障碍物所在的危险区域,并不需要障碍物点电荷产生的势场对在安全区域按照遗传算法进化迭代搜索的染色体产生指定进化方向的作用,因此需要限制障碍物点电荷 q_i 的势场范围在危险区域内,由此可得

$$\varphi_i = \frac{k_{ga}Q_i}{d}, d \in (0, R_i + D_{safe}) \tag{6-17}$$

$$\varphi_i = 0, d \notin (0, R_i + D_{safe}) \tag{6-18}$$

可知该点电荷的电势函数值 φ_i 随与障碍物圆心的距离增加而降低,而船舶路径安全性目标方向即为船舶路径危险性随着路径距障碍物的距离增大而降低,因此该函数与船舶安全性目标函数单调性方向一致,与适应度函数设计规则相符。如果对于一条染色体进行适应度评价,则其关于安全性的适应度可视为该染色体上所有基因(即路径点 y 坐标)对应的路径点,即在 m 个动态、静态障碍物所创造的电场范围内的电势函数值的和。由此可以得到关于路径安全性评价的适应度函数 F_{risk}:

$$F_{risk} = \sum_{i=1}^{m} \sum_{j=1}^{N_c} \varphi_{ij} \tag{6-19}$$

由于路径点可能取到障碍物圆心上与其重合,即 d_{ij} 可能为 0,因此可以在仿真设计中加入一个小量,改进后的适应度函数为

$$\varphi_{ij} = \begin{cases} \dfrac{k_{ga}k_p R_i}{d_{ij} + \Delta}, d_{ij} \in (0, R_i + D_{safe}) \\ 0, d_{ij} \notin (0, R_i + D_{safe}) \end{cases} \tag{6-20}$$

6.4.2.3　航线规划综合评价指标函数

本书对以上各个目标函数进行综合加权,建立如下形式的航线规划指标函数 $F_{fitness}$:

$$F_{fitness} = \omega_1 \frac{L_{traj}}{L_{trajd}} + \omega_2 \frac{\theta_{traj}}{\theta_{trajd}} + \omega_3 \frac{D_{sta}}{D_{stad}} + \omega_4 \frac{D_{dyn}}{D_{dynd}} + \omega_5 \frac{F_{time}}{F_{timed}} + \omega_6 \frac{\varphi_{ij}}{\varphi_{ijd}} \tag{6-21}$$

式中　ω_1、ω_2、ω_3、ω_4、ω_5、ω_6——各指标函数的权值系数;

L_{trajd}、θ_{trajd}、D_{stad}、D_{dynd}、F_{timed}、φ_{ijd}——各子指标的基准值,本书采用人为设定方式加以确定,经比值后归一化为无量纲指标,考虑到船舶航行特殊性,制定如下权值系数制定原则:

(1)由于本船需避免出现与静态障碍物和动态目标船撞击的情况,本书设置当 D_{sta} 或 D_{dyn} 为 0 时,ω_3 或 ω_4 为极大值;

(2)航线里程与相邻航段夹角相比,更能够体现油耗情况,因此设置 ω_1 比 ω_2 略大。

本书以航线规划综合评价指标函数作为遗传算法的适应度函数,并结合船舶航行特性,改进遗传算法相关操作,创新地采用两次遗传算法寻优方式,开展航线优化工作,第一次遗传寻优用以规避静态障碍物,第二次遗传寻优实现规避动态目标船,最终实现完整的航线设计,后面将详细介绍两次寻优的具体方法。

6.4.3　考虑静态障碍物的一次航线规划

本节将仅考虑静态障碍物对航线规划的影响,开展船舶航线一次优化,为下一节考虑动态目标船影响的二次航线规划构建基础数据。故本节遗传算法寻优时,将不考虑动态障碍物影响,式(6-21)所示的适应度函数中 $\omega_4 = 0$。

6.4.3.1　传统遗传算法在静态障碍物下的不足与改进

遗传算法只有一个评估的参考值,即适应度函数值,由此来决定进化的方向和最终解的选择,这种方式过度依赖适应度函数的设计,即适应度函数的取法在最终解的优秀程度、能否找到最终解、最终解是否合理方面起决定性作用。传统的遗传算法基本操作包括交叉、变异和选择,而在这些操作中,交叉操作和变异操作的概率往往是常值,同时,选择操作往往仅按照适应度来选择,这样有 2 个方面的缺点:

(1)最优解的寻优时间较长,不符合船舶航线规划的时间要求;

(2)仅通过适应函数来淘汰一些种群个体,不利于整体种群的更新迭代,有些低适应度的个体有可能具有加快种群进化的潜力,因此采用传统的遗传算法基本操作不适用于本书船舶航线规划任务。

为此,本书将利用变概率的方式设计交叉和变异操作,同时采用染色体畸形程度值来实现选择操作,加速遗传寻优过程。

6.4.3.2　基于变概率策略的交叉和变异操作

本书定义交叉概率 p_{cross} 和变异概率 p_{mut} 具体形式如下:

$$
\begin{cases}
p_{\mathrm{cross}} = \dfrac{p_{\mathrm{c0}}}{N_{\mathrm{iter}}(F_{\mathrm{opt}} - F_{\mathrm{ave}})} \\[4mm]
p_{\mathrm{mut}} = \dfrac{p_{\mathrm{m0}}}{N_{\mathrm{iter}}(F_{\mathrm{opt}} - F_{\mathrm{ave}})}
\end{cases}
\tag{6-22}
$$

式中　p_{c0} 和 p_{m0}——物种进化过程中交叉操作和变异操作的初始概率;

F_{opt}——当前进化代中最优的个体适应度;

F_{ave}——当前进化代的适应度平均值。

式(6-22)的物理意义表示:本书利用种群当前进化代的最优适应度和平均适应度的差值,来反映航迹点种群整体的收敛程度,如果收敛程度较差,则自动增大交叉概率和变异概率,同时利用种群进化的次数来反映种群接近进化末期的程度。种群接近进化末期,则自动减小交叉和变异概率,防止种群末期发生较大的变异而降低种群的稳定性,即防止航迹点在寻优末期发生异常失效值。

1. 交叉操作

交叉操作的基本原理是使两个个体染色体中一个基因位不变,使其余部分的基因内容交叉互换,考虑到实现过程,本书仅考虑单点交叉情况。交叉操作过程可以实现信息的相互交换以产生新的子代,同时保留双方上一代的物种特征。为此本书针对当前进化代每个

个体 I_i，根据 p_{cross} 的动态概率，以此判断个体是否发生交叉操作，如发生交叉操作，则在 $[1,$ $I_i)$ 和 $(I_i, M_{pop}]$ 中按照均匀分布特性，随机得到代表个体编号的数字 R，并将个体 I_i 和 I_R 开展交叉即完成交叉操作，交叉操作的过程如图6-6所示。

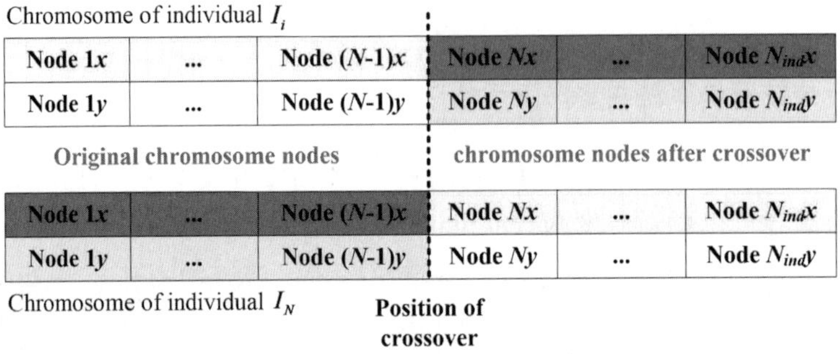

Chromosome of individual I_i

Node 1x	...	Node (N-1)x	Node Nx	...	Node N_{ind}x
Node 1y	...	Node (N-1)y	Node Ny	...	Node N_{ind}y

Original chromosome nodes · chromosome nodes after crossover

Node 1x	...	Node (N-1)x	Node Nx	...	Node N_{ind}x
Node 1y	...	Node (N-1)y	Node Ny	...	Node N_{ind}y

Chromosome of individual I_N · **Position of crossover**

图6-6 染色体交叉原理图

在上图中，随机选择一个点，开展两个个体 I_i 和 I_R 染色体节点的对调。

2. 变异操作

针对当前代每个个体 I_i，根据 p_{mut} 判断是否进行变异操作，变异操作采用航迹点位置增加或减少方式，分别在 $[1, N_{ind}]$、$[0,1]$、$[-1,1]$ 中得到均匀分布的随机数 Q、增加或减少权值随机数 N_{rand}、增加或减少概率 p_{mx} 和 p_{my}，确定个体 I_i 的染色体节点 Q 所代表的航迹点需要变异，利用 p_{mx} 和 p_{my} 决定航迹点增加或减少，航迹点位置变异操作后坐标 P_{Q_x} 和 P_{Q_y} 由下式计算：

$$\begin{cases} P_{Q\_x} = P_{Q\_x} + \text{sgn}(p_{mx}) \cdot (P_{Q\_x} - L_{area}) \cdot (1 - \dfrac{N_{cur}}{N_{iter}}) \\ P_{Q\_y} = P_{Q\_y} + \text{sgn}(p_{my}) \cdot (P_{Q\_y} - L_{area}) \cdot (1 - \dfrac{N_{cur}}{N_{iter}}) \end{cases} \tag{6-23}$$

式中 N_{cur}——在 N_{iter} 次迭代过程中的代数。

6.4.3.3 基于染色体畸形程度值的选择操作

本书定义染色体畸形程度值 C_{unco}，如下式所示：

$$C_{unco} = \sum_{j=1}^{N_c-1} N_{cp}(A_j, A_{j+1}) \tag{6-24}$$

式中 N_{cp}——每个航段与危险区域交点个数。

由反馈回来的种群各染色体适应度函数值与染色体畸形程度值进行选择，在种群中根据返回的各染色体的 C_{unco} 值来筛选出与畸形值为0的个体，即为绝对安全的船舶路径，在其中由适应度大小排列，保存最优个体。在种群中按照适应度值进行轮盘赌选择，概率为 P_{chrom}，如下式所示：

$$P_{chrom} = \frac{\text{Fit(best)}}{\text{Fit(chrom)}} \tag{6-25}$$

在种群中，根据畸形度值进行劣等个体淘汰操作，也设计为轮盘赌选择，选择概率为

P_{cor} 随畸形度值的增加而增加,如下式所示:

$$P_{cor} = 1 - e^{-C_{unco}} \qquad (6-26)$$

本书设计中不能通过选择算子直接选出不合理的解,因此全部删除和全部用最优解替换或者用新生成个体替换。选择算子在这里的作用是选出最优的可行染色体和对畸形染色体的概率性替换。不全部替换是因为即使该解因决定性因素(路径安全性)决定不可行,然而该染色体仍保留了进化的信息和部分可行的基因。如果全部用可行解代替则会更加快速地将种群的多样性降低进而导致陷入局部最优解,如果用新生成的个体进行替换则会失去前代的进化信息,大大降低遗传算法效率。

根据以上改进原理,本书开展航迹点种群设置,假设船舶航行区域为正方形,其边长用 L_{area} 表示,并且设表示航迹点的物种种群数量用 M_{pop} 表示,在种群中每个个体的染色体节点数为 N_{ind},其中每个染色体节点用位置变量 $[P_{chorm\_x}, P_{chorm\_y}]$ 表示,用以表示航路点在墨卡托坐标系中的坐标。航迹点种群迭代进化次数用 N_{iter} 表示,在种群进化过程中,发生交叉操作的概率为 p_{cross},发生变异操作的概率为 p_{mut}。由于遗传算法寻优过程可能进入局部极小情况,这里设置遗传算法完成进化的次数为 N_{iter},即无论是否达到最优值,完成 N_{iter} 次进化后停止进化,该操作可在有限的时间内完成航迹点寻优工作。

6.4.4　考虑动态目标船的二次航线规划

本节考虑目标船操纵性约束及与动态目标船会遇状况,在第一次航线规划基础上开展二次航线规划任务。

6.4.4.1　传统遗传算法在动态障碍物下的不足与改进

以往算法更多的是在固定参考系中进行研究,通过在各路径点处进行船舶航行会遇情况的判断,然后进行安全性分析。会遇情况较多,总体有相遇、远离、相切等情况,如果节点个数不够,仅在节点处分析并不能保证整条船舶路径上都不会与对方船相碰。传统算法整体设计较为复杂,且情况多变。

如图 6-7 所示,图中圆形颜色块为动态障碍物,虚直线为其运动方向,该动态障碍物的三个状态的时间分别对应已方船在三个节点所在位置时间,由此可知本船在 A_{j+1} 位置是会与目标船相碰的。然而如果后期对路径进行栅格化分析,遗传算法所取路径点并没有取到 A_{j+1} 这个路径点或者附近区域,那么通过判断在各路径点时己方船与对方船之间的距离,就会得出该路径可行的结论。因此算法的严谨性较弱,这种情况在二维编码的遗传算法里很容易出现,而且如果大量取路径点以保证严谨性的话,会有路径点分布不均或算法效率极低、计算量极大的情况。因为要求的计算量大,因此该算法只适合局部搜索路径,也就是在将要会遇的时候进行路径规划,并不适合全域搜寻。由此,需要对针对动态障碍物的路径规划进行改进,以达到全域搜寻路径的效果。

本书采用坐标系变换方法对遗传算法进行改进。对于动态障碍物,在固定坐标系也就是地面参考系中来考虑问题将会使问题变得十分复杂,考虑到已经优化完成了静态障碍物的避障遗传算法实现,因此对于动态障碍物,本书将静态障碍物的路径规划算法尽可能地移植到动态障碍物的规划当中。

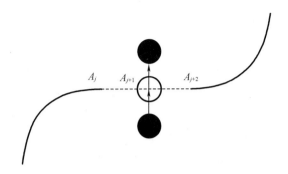

图 6-7　船舶动态避碰路径示意图

将参考坐标系换至目标船上来考虑问题,由于目标船的运动状态不变,故该参考系仍为惯性参考系,可以得到本船在目标船参考系中运动状态,如下所示:

$$V' = V - V_{\text{target}} \tag{6-27}$$

式中　V'——本船相对于目标船的相对速度;

　　　V——本船在世界坐标系中的航速;

　　　V_{target}——目标船在世界坐标系中的航速。

本船在目标船坐标系下时刻的坐标(x', y')可表示为下式:

$$(x', y') = (x_t, y_t) - V_{\text{target}}t \tag{6-28}$$

(x_t, y_t)为本船在大地坐标系的路径点。在目标船坐标系中,目标船始终为静止。故在对方参考系中,本船就在进行一次起点不变、路径点变换得到的对方参考系路径点完成的静态障碍物路径规划。只需要计算出每个路径点在地面参考系中经过时已船的航行时间信息,就可进行路径的参考系转换,如图6-8所示。

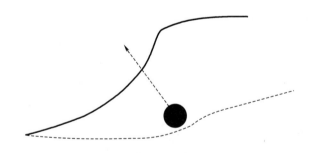

图 6-8　参考系变换后的船舶路径

由此,对于动态障碍物的路径规划已经完全转化为静态障碍物的路径规划,前面优化遗传算法和适应度函数设计均可保留,简化了路径规划算法设计,并提高了效率,完成了全域搜寻的目标。

6.4.4.2　船舶会遇时间预测与安全性判定

按照前文所述方式可得一次规划航线,本节将引入船舶运动方程用以预测本船与目标船的会遇状况。本书预测会遇原理如下:设规划航线为图 6-9 中 A—B—C 段,本船起点为航迹点 A,目的地为航迹点 C,其间经过航迹点 B 来避开静态障碍物,第一次遗传算法寻优得到图中实线所示航线,船舶直航和转弯过程的航速变化情况可简化表示为图 6-9 中的下部所示曲线,该曲线可根据船舶运动方程获得。

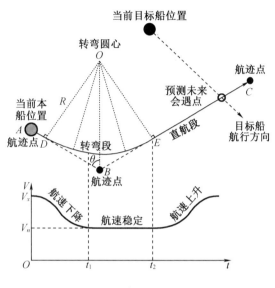

图 6-9　两船会遇时间预测原理

假设船舶初始为直航状态,速度稳定在最大航速,然后左转 90° 后直航,再右转 90° 后直航,航行过程位置和速度曲线如图 6-10 和图 6-11 所示的 7 个阶段。阶段 1:维持最大航速;阶段 2:左转过程速度下降;阶段 3:由左转到直航过程,速度上升;阶段 4:速度上升至最大并保持;阶段 5:右转过程速度下降;阶段 6:由右转到直航过程,速度上升;阶段 7:速度上升至最大并保持。

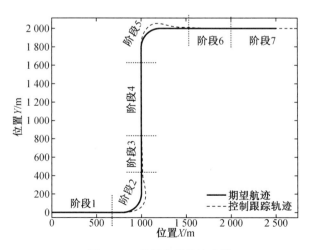

图 6-10　船舶航行轨迹曲线

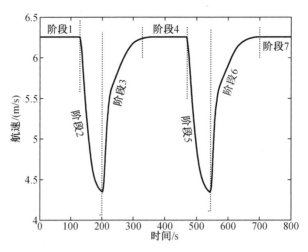

图 6-11 船舶航速变化曲线

根据图 6-11 可知,在第一次规划航线的基础上,代入船舶操纵性约束后,可处理直航航段和回转航段,其中回转航段圆弧半径由本船的转弯半径决定,本书将根据船舶运动方程,分别针对直航阶段和回转阶段,计算本船由航迹点 A 运动到会遇点的总时间。

在图 6-9 中,第一次规划航线 AB 段和 BC 段夹角为 2θ,设本船完成该转弯过程的转弯半径为 R,圆弧与 AB 段和 BC 段的切点为 D 和 E,设航迹点 A、B、C 的坐标分别为(P_{ax}, P_{ay}) (P_{bx}, P_{by}) (P_{cx}, P_{cy}),根据几何关系,可计算求得 D 和 E 的坐标(P_{dx}, P_{dy}) (P_{ex}, P_{ey})由下式计算:

$$
\begin{cases}
P_{dx} = P_{bx} - \dfrac{R}{\tan\theta}\left(\dfrac{P_{bx}-P_{ax}}{\sqrt{(P_{bx}-P_{ax})^2+(P_{by}-P_{ay})^2}}\right) \\[3mm]
P_{dy} = P_{by} - \dfrac{R}{\tan\theta}\left(\dfrac{P_{by}-P_{ay}}{\sqrt{(P_{bx}-P_{ax})^2+(P_{by}-P_{ay})^2}}\right)
\end{cases}
\tag{6-29}
$$

$$
\begin{cases}
P_{ex} = P_{bx} - \dfrac{R}{\tan\theta}\left(\dfrac{P_{bx}-P_{cx}}{\sqrt{(P_{cx}-P_{bx})^2+(P_{cy}-P_{by})^2}}\right) \\[3mm]
P_{ey} = P_{by} - \dfrac{R}{\tan\theta}\left(\dfrac{P_{by}-P_{cy}}{\sqrt{(P_{cx}-P_{bx})^2+(P_{cy}-P_{by})^2}}\right)
\end{cases}
\tag{6-30}
$$

经过第一次遗传算法寻优后的实际航段为直航段 AD、转弯段 $\overarc{DE}$ 和直航段 EC,在 AD 段,船舶将维持当前航速 V_0,$\overarc{DE}$ 段经历一个降速直到速度稳定的过程,EC 是一个升速直到稳定的过程。船舶航行过程往往保持发动机功率,航速变化往往是改变舵角所致,本书基于船舶运动学方程开展仿真试验,获得船舶在不同舵角情况下的航速、位置和时间变化数据,仿真工况如下:

(1)船舶最大航速 16 kn;

(2)舵角分别为 5°、10°、15°、20°、25°;

转弯减速和直航加速仿真曲线如图 6-12 所示。

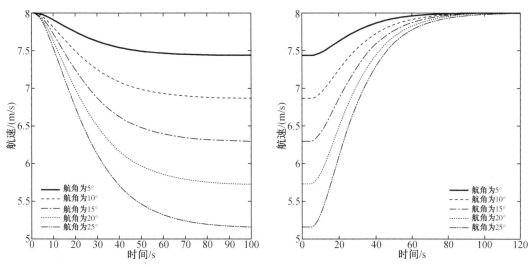

图 6-12　船舶转弯及直航过程航速与时间关系曲线

按照图 6-12 所示方式,本书建立船舶航速、舵角、时间以及航程的关系表,如下所示,由于篇幅限制,表 6-1 和表 6-2 仅列出舵角为 10° 和 15° 时的相关数据。

表 6-1　转弯过程关系表

舵角 = 10°			舵角 = 15°		
时间/s	航速/kn	航程/m	时间/s	航速/kn	航程/m
⋮	⋮	⋮	⋮	⋮	⋮
2.50	7.99	10.21	2.50	7.99	9.88
2.55	7.99	10.42	2.55	7.99	10.05
2.60	7.99	10.68	2.60	7.99	10.21
2.65	7.99	10.94	2.65	7.99	10.32
2.70	7.99	11.19	2.70	7.99	10.54
2.75	7.99	11.37	2.75	7.98	10.74
2.80	7.99	11.67	2.80	7.98	11.09
⋮	⋮	⋮	⋮	⋮	⋮

表 6-2　直航过程关系表

舵角 = 10°			舵角 = 15°		
时间/s	航速/kn	航程/m	时间/s	航速/kn	航程/m
⋮	⋮	⋮	⋮	⋮	⋮
2.00	6.90	7.04	2.00	6.36	6.91
2.05	6.90	7.21	2.05	6.36	7.09
2.10	6.91	7.38	2.10	6.36	7.24

表 6-2(续)

舵角 = 10°			舵角 = 15°		
时间/s	航速/kn	航程/m	时间/s	航速/kn	航程/m
2.15	6.91	7.54	2.15	6.36	7.39
2.20	6.91	7.70	2.20	6.36	7.49
2.25	6.91	7.87	2.25	6.36	7.67
2.30	6.91	7.99	2.30	6.36	7.88
⋮	⋮	⋮	⋮	⋮	⋮

为实现对船舶转弯降速及直航升速过程的量化计算,本书采用如下步骤:

Step 1:船舶转弯时,根据船舶回转跟踪的相邻航段夹角,确定船舶舵角角度;船舶即将直航时,确定船舶直航前舵角角度。

Step 2:根据船舶转弯或直航航程,确定船舶转弯或直航过程航速变化及用时情况,在上表中查找船舶航速和时间。

按照以上方式,计算本船在前文遗传算法规划航线各位置的时间,进而判断本船到达会遇点与目标船的距离,如距离小于安全距离 D_{sd},则表示目标船对该规划航线构成威胁,需进一步优化。

6.4.4.3 附加航迹点的遗传算法二次规划

根据目标船导致一次规划航线不合理的情况,本节提出遗传算法二次规划策略,原理如图 6-13 所示。

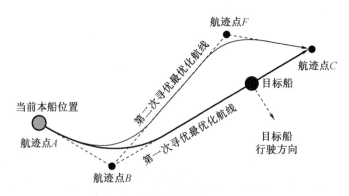

图 6-13 遗传算法种群染色体节点调整

图 6-13 中,如目标船在第一次规划航线的航迹点 B 和 C 之间与本船会遇,则在遗传算法中增加染色体 F,以第一次规划航迹点为初始种群,开展二次寻优以获得 F 坐标。为了增加二次寻优速度,并且不对已有航迹点做较大改变,采用如下策略:

策略 1:仅对由于动态目标船产生的附加航迹点及其前面 1 个航迹点开展动态寻优,即图中航迹点 F 和航迹点 B;

策略 2：对于航迹点 B，在第一次规划航线时确定的位置上（正方形范围），正方形的边长为航段 AB 和航段 BC 中较小长度的一半；对于航迹点 F，在目标船航向的反向延长线上寻优。

6.4.5　案例描述与仿真验证

本节将针对航线规划和航速优化开展仿真验证，主要仿真任务有如下 2 种：利用图 6.4 中原理获得的圆形障碍物，对本书提出的改进遗传算法进行仿真验证；利用船舶航行半物理仿真平台，开展船舶航线规划仿真试验。

6.4.5.1　基于改进型遗传算法的仿真验证

本次仿真问题设置为染色体长度为 10 即路径点为 10 个，以确定船舶起点、终点的静态障碍物避碰路径规划操作。仿真环境选用 Matlab。具体仿真步骤如下。本次仿真无量纲，使用的编码方式为一维编码，坐标变换过程不做赘述，直接放在变换后的参考系中来进行设置参数并得出仿真结果。遗传算法参数：变异概率 $P_m = 0.2$；交叉概率 $P_c = 0.2$；种群规模 $N = 100$；染色体长度 $N_c = 10$；船舶路径起点为 $(0,0)$，终点为 $(100,100)$。

1. 静态障碍物仿真

障碍物参数：原点坐标分别为 $(10,20)(40,0)(70,9)$。其半径分别为 4、8、6，安全距离 safedist 设置为 2。静态障碍物的船舶避碰结果如图 6-14 和图 6-15 所示，仿真结果中，高亮色为船舶最终航线，黄色为航线平滑圆弧段，虚线为对应颜色动态障碍物参考系下船舶相对航线。由图可知，最终的船舶航线平滑，航线避开了静态障碍物且保持了安全距离，可见航线的安全性。种群在 500～600 代左右达到成熟，由适应度值越低个体越优秀，可知遗传算法进化方向正确。

2. 动、静态障碍物仿真

动态障碍物参数分别为：

（1）半径为 5，方向斜率为 1，速度大小为 0.3，位置 $(60,-20)$；

（2）半径为 5，方向斜率为 0.8，速度大小为 0.7，位置 $(60,-20)$；

（3）半径为 3，速度大小为 0.3，方向斜率 1，位置 $(20,-20)$；

（4）起点坐标 $(60,-20)$，半径为 5，方向斜率为 100，速度大小为 0.2；起点坐标 $(20,-20)$，半径为 3，方向斜率为 1，速度大小为 0.3。

动静态障碍物的综合避碰结果如下各图所示。由图可知，船舶相对航线与实际航线分别与相对应的动态障碍物、静态障碍物保持了安全距离，因此航线是安全的。由图 6-16、图 6-18、图 6-20 对比知：加入动态障碍物后，改变了原最优路线，可知综合规划成功。改变动态障碍物运动状态后，最优航线随之改变，体现为算法针对动态障碍物运动状态的规划。由图 6-21 和图 6-23 对比知：增加动态障碍物对规划结果产生影响，体现为算法实现多动/静态障碍物的综合航线规划。综合各结果适应度变化曲线，均在 500～600 代左右种群成熟，可见增加动态障碍物避碰对算法效率影响不大。

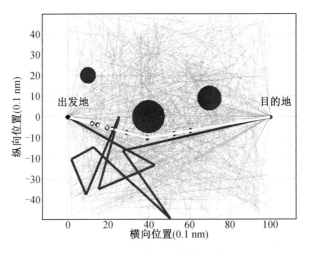

图 6-14　船舶航线结果(静态仿真工况)

图 6-14 彩色版

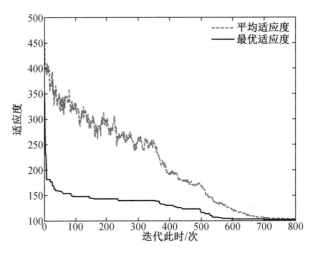

图 6-15　适应度函数变化曲线(静态仿真工况)

图 6-15 彩色版

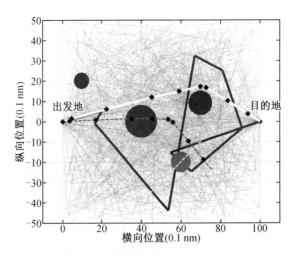

图 6-16　船舶航线结果图(动、静态仿真工况 1)

图 6-16 彩色版

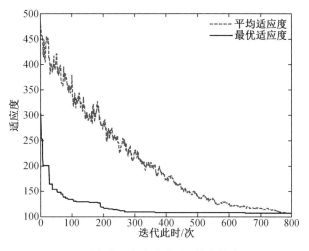

图 6-17　适应度函数变化曲线 (静态仿真工况 1)　　　图 6-17 彩色版

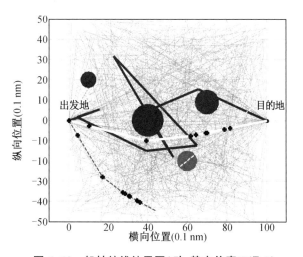

图 6-18　船舶航线结果图 (动、静态仿真工况 2)　　　图 6-18 彩色版

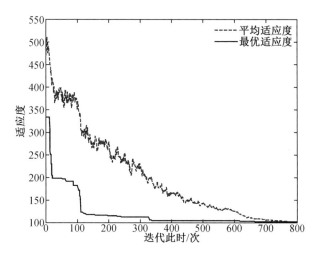

图 6-19　适应度函数变化曲线 (静态仿真工况 2)　　　图 6-19 彩色版

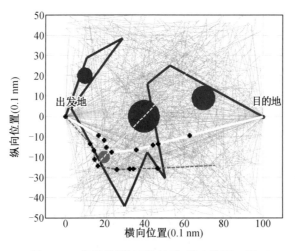

图 6-20　船舶航线结果图(动、静态仿真工况 3)　　图 6-20 彩色版

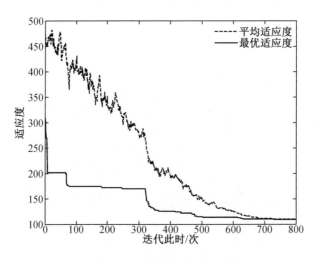

图 6-21　适应度函数变化曲线(静态仿真工况 3)　　图 6-21 彩色版

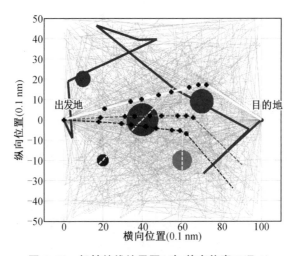

图 6-22　船舶航线结果图(动、静态仿真工况 4)　　图 6-22 彩色版

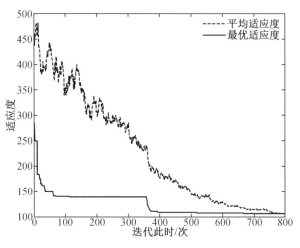

图 6-23　适应度函数变化曲线(静态仿真工况 4)　　　图 6-23 彩色版

6.4.5.2　基于半物理仿真平台的航行规划仿真验证

本书在已构建的船舶航行半物理仿真平台上开展算法验证工作,仿真平台如图 6-24 所示,由船舶动力学仿真系统、实船船桥软硬件系统、三维视景系统以及仿真验证评估系统组成,以上各系统按照实船通信方式,利用网络和串口完成通信,其中船舶运动模型为"海豚 1"试验船运动模型,仿真步长为 0.05 s。

仿真初始工况如下:船舶航行海域为东经 122.6° 至 123.5°,北纬 28.2° 至 29.75°,本船起点为 29.911 7°N,122.071°E,终点为 29.705 6°N,122.440 7°E,本船航速 16 kn。航线规划区域存在两个目标船,均直线航行,航速为 12 kn,出发地分别为 29.705 6°N,122.440 7°E 和 29.705 6°N,122.440 7°E,目的地均为 29.705 6°N,122.440 7°E。遗传算法中航迹点种群变量:$M_{pop}=100$,$N_{ind}=5$,$N_{iter}=30$,$N_{inip}=5$。

图 6-24　船舶航行半物理仿真平台

利用一次寻优算法开展规划航线,规划航迹点见表 6-3。

表6-3　第一次规划航迹点坐标

序号	航迹点纬度/(°)	航迹点经度/(°)
1	29.911 7N	122.071E
2	29.932 7N	122.135 8E
3	29.882 4N	122.185 8E
4	29.834 4N	122.134 7E
5	29.751 6N	122.161 9E
6	29.705 6N	122.302E
7	29.705 6N	122.440 7E

按照本书中算法开展二次航线规划任务,在与"Bulk carrier"和"Merchant ship"会遇的航段中增加航迹点,二次规划的航迹点坐标见表6-4。

表6-4　第二次规划航迹点坐标

序号	航迹点纬度/(°)	航迹点经度/(°)
1	29.911 7N	122.071E
2	29.932 7N	122.135 8E
3	29.918 1N	122.202 9E
4	29.882 4N	122.185 8E
5	29.845 9N	122.193 7E
6	29.834 4N	122.134 7E
7	29.751 6N	122.161 9E
8	29.705 6N	122.302E
9	29.705 6N	122.440 7E

两次航线规划过程的归一化适应度曲线如图6-25所示。

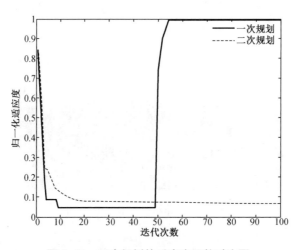

图6-25　两次规划的适应度函数对比图

在图 6-25 中,横轴为遗传算法迭代次数,纵轴为归一化适应度,为对比一次规划和二次规划适应度情况,本书在这两次遗传算法寻优过程中,适应度达到稳定后的第 50 代个体,将一次规划适应度修改为二次规划适应度后重新计算。

通过曲线对比可以看出,由于初始种群的染色体是随机设置的,因此第 1 代种群的适应度略有不同,一次规划航迹点为 7 个,且为静态适应度,在第 9 代时达到了稳定值;而二次规划航迹点为 9 个,为动态适应度,在第 19 代达到稳定值。在种群第 50 代前,一次规划适应度优于二次规划适应度,这是由于增加航迹点的原因,但二次规划利用降低适应度来换取航线的进一步优化,显得更为重要。综上,本书算法通过引入船舶操纵性约束,高效准确寻优出一条可行性航线。

这里研究了考虑船舶操纵性约束的改进遗传算法航线规划方法,详细描述了算法原理推导过程。基于四叉树思想,建立的线段与不规则多边形的位置关系检测算法,可快速准确判定规划航段与海图陆地元素的位置关系,将船舶运动学模型应用于遗传算法中。综合考虑了航线长度、航行时间、航行安全性等因素,使船舶航线的真实性与经济性增高。对遗传算法引入引力势场法模型,提高了算法的进化效率。同时完成了避开不合理解与转换参考系的改进遗传算法动静态避碰的船舶航线规划。降低了船舶航线规划的算法设计复杂性与计算量,提高了最终航线结果的安全性的可靠程度。利用两次遗传算法的思想,可综合考虑船舶航程、相邻航段转向、与静态障碍物距离以及动态躲避目标船,并通过优化上述指标的适应度函数,得到可行的优化航线,并利用船舶航行半物理仿真平台开展验证工作,验证了本章算法的有效性。

6.5 基于临界点扩散二叉树的机器人路径规划建模案例

针对复杂环境下的全局路径规划问题,这里提出了一种基于临界节点扩散二叉树的路径规划方法,特别适用于密集环境。首先,将栅格地图中的节点划分为三类:双连通节点、三连通节点和四连通节点,以更准确地描述环境特性。

接下来将整个路径规划流程划分为两个核心阶段:搜索阶段和扩散阶段。在搜索阶段遵循特定的方向逐步探索当前节点,直至节点类型发生变化,随后进入扩散阶段。在扩散阶段,依据先前搜索确定的临界节点来指导下一阶段的搜索方向,确保路径的有效性和高效性。

一旦找到可行路径,将进一步通过筛选适当的父节点进行路径优化,以确保全局路径的平滑性。最后致力于最小化转弯半径,进一步优化路径的平滑度,从而提高机器人在实际运行中的稳定性和效率。

6.5.1 地图及临界点模型描述

栅格地图是通过多个单元格组合而成的图形,这些单元格共同构成了对二维空间的离散化表示。在构建栅格地图时,单元格的大小是由地图的整体尺寸来决定的,这确保了地图的比例和细节得到适当的呈现。如图 6-26(a)所示,栅格地图中的单元格通过不同的颜色或标记来表示不同的信息:黑色网格代表障碍物,表示机器人无法通过的区域;而白色网格则表示机器人的可进入区域,即机器人可以安全移动的空间。

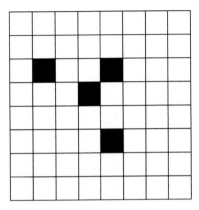

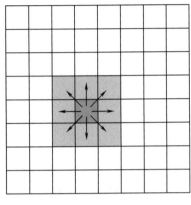

(a)栅格地图　　　　　　　　(b)机器人移动方向

图 6-26　　栅格地图描述　　　　　　　图 6-26 彩色版

当机器人在栅格地图中处于可进入区域时,它有多种移动选择。如图 6-26(b)所示,红点标记了机器人的当前位置,而箭头则指示了机器人可以移动的潜在方向。在没有遇到障碍物的情况下,机器人可以向八个方向(即上、下、左、右以及四个对角线方向)中的任意一个方向移动。

A * 算法以其广泛的适用性在路径规划领域颇受赞誉,但其将所有相邻节点都展开进行搜索的特点导致了较长的搜索时间,尤其是在复杂环境中。为了提升算法的效率,提出了一种改进策略,即仅允许节点在上、下、左、右四个方向进行移动,而不考虑对角线方向的移动。在此基础上,对网格图中的节点进行了重新分类,以更好地适应这一限制。每个节点可以分为以下五类:

四连通节点:当前节点在其四个基本移动方向(上、下、左、右)上均无障碍物阻挡,意味着机器人可以在这四个方向上自由选择移动。该节点被标记为 N_4。

三连通节点:在当前节点的四个移动方向中,仅有一个方向存在障碍物,使得机器人不能朝该方向移动。然而,其余三个方向均为无障碍物的通行路径,节点因此可以在这三个方向中的任意一个方向上自由移动。该节点被标记为 N_3。

二连通节点:当前节点的四个移动方向中,有两个方向受到了障碍物的阻挡,使得机器人无法在这两个方向上移动。但其余两个方向是畅通的,因此节点可以在这两个方向中的任意一个方向上自由移动。该节点被标记为 N_2。

障碍节点:这类节点由于存在障碍物,导致机器人无法通过。因此,它们被视为不可通过的节点,并被标记为 N_0。

目标节点:在路径规划中,目标节点代表路径的终点,是机器人需要到达的位置。目标节点被标记为字母 N_T。

四连通节点、三连通节点和二连通节点如图 6-27 所示。

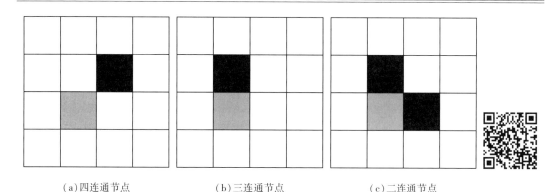

　　(a)四连通节点　　　　　　　(b)三连通节点　　　　　　　(c)二连通节点

图 6-27　节点示例　　　　　　　　　　　　　　图 6-27 彩色版

　　在本书中引入了一个重要概念——临界节点,用 N_{crit} 表示。临界节点在机器人的全局路径规划中扮演着关键角色,它标志着节点类型发生突变的位置。为了准确识别和界定临界节点,设定了以下判断条件:如果网格图中的某个节点 N 满足这些条件中的任意一个,那么该节点即可被视为临界节点。

　　(1)当四连通节点进行某一方向的搜索时,可能会遇到前方存在障碍物节点或三连通节点的情况。这种场景可以用下式来表述:

$$N_{crit} = N(N_4 \xrightarrow{\text{ANY}} N_0 \mid N_3) \tag{6-31}$$

式中,四连通节点在搜索过程中,能够沿任意方向探测临界节点,直到遭遇三连通节点或搜索方向上出现障碍物为止。在这一过程中被发现的节点,即为临界节点,将其标记为 N_{crit}。

　　(2)在四连通节点沿某一方向搜索的过程中,如果所经过的节点与目标节点的坐标相吻合,这一情况则可以用下式来表示:

$$N_{crit} = N(N_4 \xrightarrow{\text{ANY}} N_T(x) \mid N_T(y)) \tag{6-32}$$

　　式中,四连通节点在搜索临界节点 N_{crit} 时,能够沿任意方向进行,直至其 x 坐标或 y 坐标与目标节点相同。此过程中找到的节点,即为临界节点,将其标记为 N_{crit}。

　　(3)对于三连通节点或二连通节点来说,当它们沿着障碍物的方向进行搜索时,前方通常会出现障碍物,这一情况可以用下式来描述:

$$N_{crit} = N(N_2 \mid N_3 \xrightarrow{\text{OBS}} N_0) \tag{6-33}$$

　　式中,当前节点为三连通或二连通时,它们可以沿无障碍的方向搜索临界节点,直至遭遇障碍物为止。此过程中找到的节点,即为临界节点,将其标记 N_{crit}。

　　(4)当三连通节点或二连通节点在搜索过程中,通过的节点突然转变为四连通节点时,这一情况则可以用下式来表示:

$$N_{crit} = N(N_2 \mid N_3 \xrightarrow{\text{OBS}} N_4) \tag{6-34}$$

式中,当前节点为三连通或二连通时,它们可以在无障碍物的方向上搜索临界节点,直至其 x 坐标或 y 坐标与目标节点相同。在此过程中发现的节点,同样将其标记为临界节点 N_{crit}。

　　临界节点如图 6-28 所示。

(a)四连通临界节点　　　(b)三连通临界节点　　　(c)二连通临界节点

图6-28　临界节点　　　　　　　　　　图6-28 彩色版

图6-28 中,红色节点为起始点,标志着搜索过程的起点。蓝色节点为目标点,散布在图中的黑色节点代表了障碍物,是搜索过程中需要避免的区域。灰色节点在图中形成了一个路径,它们代表了搜索过程中已经搜索过的路径,黄色节点为临界节点。当算法遇到这些节点时,意味着在某个方向上已经找到了可能的通向目标的路径。因此,算法会将这些黄色节点视为当前节点,并据此确定下一步的搜索方向。橙色节点是特殊的临界节点,它们在搜索过程中会被特别标注并加入到搜索列表中。这意味着,在之后的搜索过程中,算法会特别关注这些节点,以期望能够更快地找到通向目标的路径。值得进一步强调的是,每当算法找到一个临界节点时,它都会完成该方向的搜索任务,并将该节点作为当前节点。这种策略确保了不会重复搜索已经探索过的区域,从而大大提高了算法的搜索效率和适用性。同时,算法根据临界节点的类型,能够智能地确定下一步的搜索方向,使得整个搜索过程更加高效和精确。

6.5.2　临界点扩散二叉树算法

本书所提出的临界点扩散二叉树(critical-node diffusion binary tree,CDBT)算法,将临界节点的查找过程精心地划分为两个紧密相连的阶段:搜索阶段和扩散阶段。前一个阶段为后一个阶段打下坚实的基础,共同推动着路径规划任务的高效进行。

图6-29 展示出了这两个阶段的工作流程。值得一提的是,在搜索过程中发现的所有临界节点,都会被添加到 OpenList 中。OpenList 是一个优先级队列,负责存储和管理每次搜索过程中获得的临界节点。这些节点在 OpenList 中按照它们的代价值进行升序排列,确保CDBT 算法能够优先处理代价值较小的节点,从而提高搜索的效率和准确性。

搜索阶段的主要任务,是从前一个临界节点出发,在临界节点指定的方向上深入探索,以期寻找到下一个临界节点。这一阶段的结束,标志着 CDBT 算法在某一特定方向上取得了突破,找到了临界节点的踪迹。而扩散阶段,则是对搜索阶段的拓展与深化,旨在为下一阶段的搜索过程提供方向。这种两个阶段相互迭代的策略既大大增加了 CDBT 算法的灵活性,又在一定程度上提高了搜索效率。

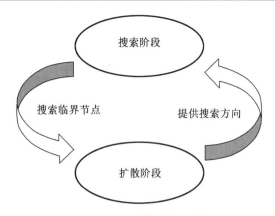

图 6-29　CDBT 算法的两个阶段

扩散阶段会为下一阶段的搜索过程提供搜索方向,以确保算法能够高效且准确地找到目标节点。若起始节点为四连通节点,这里特别指定了指向目标节点的 x 轴和 y 轴作为搜索方向。这样的选择,基于四连通节点在栅格地图中的特点,确保了 CDBT 算法能够沿着正确的路径向目标前进。而当起始节点为三连通或双连通节点时,则根据障碍物的布局来指定搜索方向。这样做是为了充分利用节点的连通性,并尽可能避免与障碍物的碰撞,从而优化搜索路径。

值得注意的是,在指定搜索方向时,特别考虑了父节点的位置关系,以确保不会出现重复搜索的情况。这是通过消除可能产生重复的搜索方向来实现的,从而保证了搜索过程的高效性和准确性。

四连通节点的应用不仅限于其连通性。在实际搜索过程中,如果当前节点是一个非起始且非目标点的四连通节点,会得到特别关注。这是因为,从这个节点出发,算法可能会发现其他临界节点,进而引发重复的搜索任务。为了解决这个问题,将障碍物消失的节点也视为特殊临界节点。这样的处理方式,不仅可以避免重复搜索,还能提高搜索效率,使算法在探索过程中更加高效和精准。

通过上述策略,CDBT 算法在不断地探索和扩散中,逐步逼近目标节点。这种有针对性的搜索方式,不仅优化了搜索路径,还提高了 CDBT 算法的整体性能。最终,CDBT 算法能够实现高效的路径规划和搜索任务,提供准确、快速的结果。

在扩散和搜索阶段确定搜索方向并获取临界节点后,计算 OpenList 中存储的所有节点的代价函数如下式所示:

$$F_{cost} = G_{sc} + H_{ct} \tag{6-35}$$

式中　F_{cost}——节点的总代价值;

　　　G_{sc}——起始节点到当前节点的实际移动代价;

　　　H_{ct}——启发式距离,表示当前节点到目标节点的估计欧氏距离。

选择代价值最低的节点作为当前节点,执行后续的扩散和搜索阶段。值得一提的是,启发式函数只影响路径的形状和路径规划时间。换句话说,使用任何启发式函数,CDBT 都可以找到从起始节点到目标节点的路径。

CDBT 算法伪代码如下所示。在伪代码中,OpenList 是扩展节点的集合,G_*、H_* 和 F_*

分别代表节点 * 的实际代价、估计代价和总代价，f_* 为节点 * 的父节点。机器人的起始位置为当前节点，目的地为目标节点。起始节点的 G_{sc} 设置为 0。如果当前节点为四连通节点，则沿 x 轴和 y 轴搜索目标节点，直到找到关键节点。如果当前节点是三连通节点，则记录当前节点的父节点，那么沿障碍物搜索时不会搜索父节点的方向。当在搜索过程中遇到特殊节点时，将该关键节点和该特殊节点也标记为临界节点。将所有临界节点添加到 OpenList 中，然后进行代价计算，并选择当前节点作为该搜索阶段添加到 OpenList 中临界节点的父节点。选择 OpenList 中代价 F_{cost} 最小的节点作为当前节点，重复搜索和扩散阶段，直到当前节点成为目标节点。

Algorithm1 CDBT Algorithm

[1]	Input：N_S，N_T　# 输入：起始点、目标点
[2]	Output：A path Γ from N_S to N_T　# 输出：起点与终点的路径
[3]	$N_{cur} \leftarrow N_S$　# 将起点做为当前节点
[4]	OpenList$\leftarrow$NULL　# OpenList 置空
[5]	$G_{N_S} \leftarrow 0$　# 起点 G 值代价置 0
[6]	while $N_{cur} \neq N_T$ do　#　没有找到终点
[7]	if $N_{cur} = N_4$ then　# 四连通扩散：为搜索阶段提供方向
[8]	$N_{crit} \leftarrow N(N_4 \xrightarrow{ANY} N_0 \mid N_3 \mid N_T(x) \mid N_T(y))$
[9]	end
[10]	if $N_{cur} = N_3 \mid N_2$ then # 三/二连通扩散：为搜索阶段提供方向
[11]	$N_{crit} = N(N_2 \mid N_3 \xrightarrow{OBS} N_0 \mid N_4)$
[12]	end
[13]	$N_{crit} \xrightarrow{father} N_{cur}$# 搜索阶段：记录父节点
[14]	$G_{N_{crit}} \leftarrow G_{N_{cur}} + D_{N_{cur} \to N_{crit}}$# 搜索阶段：更新 G 值
[15]	$F_{N_{crit}} \leftarrow G_{N_{crit}} + H_{N_{crit} \to N_T}$# 搜索阶段：更新 F 值
[16]	OpenList $\xleftarrow{push\_back} N_{crit}$# 搜索阶段：添加临界节点到 OpenList 中
[17]	for $N_{crit} \in$ OpenList do　# 搜索阶段：寻找临界节点
[18]	$N_{cur} \leftarrow N_{F_{min}}$

[19]	end
[20]	end
[21]	$N_{cur} \leftarrow N_T$　# 获取路径
[22]	while $N_{cur} \neq$ NULL do
[23]	$\Gamma \xleftarrow{\text{push\_back}} N_{cur}$
[24]	$N_{cur} \leftarrow N_{f_{cur}}$
[25]	end
[26]	return Γ # 返回路径

6.5.3　基于逆向寻点的路径优化算法

全局路径规划是机器人导航中的关键步骤,它涉及如何为机器人规划出一条从起始点到目标点的最优路径。在这个过程中,平滑性和稳定性是两个非常重要的考虑因素。平滑的路径意味着机器人在移动过程中需要进行的转向操作较少,这对于延长机器人的使用寿命、减少机械磨损以及提高运动的连续性都非常有帮助。而稳定性则意味着机器人在行驶过程中不会因为路径的突然变化而出现失稳或失控的情况,这对于保证机器人的安全以及提高整体运行效率都至关重要。

为了实现这些目标,路径规划算法需要尽量减少期望路径上的拐点数量。拐点是路径中方向发生变化的点,拐点数量越多,路径的平滑度就越低。因此,最小化拐点数量是提高路径平滑度的一种有效手段。

这里提出了一种以节点最小化为目标的反向搜索方法来优化之前通过临界点搜索到的路径。这种方法通过减少路径中的节点数量来降低拐点数量,从而提高路径的平滑度。这种方法成功地保证了运动路径的平滑性和稳定性,为机器人的高效、安全运动提供了有力保障。算法伪代码如下所示。

Algorithm2 Reverse node finding Algorithm

[1]	Input：Γ # 输入:原路径
[2]	Output：P　# 输出:新路径
[3]	$N_{cur} \xleftarrow{\text{tail\_node}} \Gamma$　# 获取尾部节点
[4]	while $f_{N_{cur}} \neq$ NULL do　# 开始逆向寻优
[5]	$N_1 \leftarrow f_{N_{cur}}$

[6]	if $N_{cur} \xleftarrow{\text{No\_obstacle}} N_1$ then　# 两个节点之间无障碍物
[7]	$f_{N_{cur}} \leftarrow f_{f_{N_{cur}}}$
[8]	else
[9]	$N_{cur} \leftarrow f_{N_{cur}}$
[10]	end
[11]	end
[12]	$N_{cur} \xleftarrow{\text{tail\_node}} \Gamma$
[13]	while $N_{cur} \neq$ NULL do　# 获取新路径
[14]	$P \xleftarrow{\text{push\_back}} N_{cur}$
[15]	$N_{cur} \leftarrow N_{f_{cur}}$
[16]	end
[17]	return P # 返回新路径

在初始可行路径中,从目标节点向后跟踪到开始节点。在如下条件下,可以连通 n_i 和 n_{i-2} 节点,并消去 n_{i-1} 节点:

$$\zeta(\eta_i, \eta_{i-2}) = \varnothing, \eta_{i-2} \neq 0, i = N, N-1, \cdots, 0 \tag{6-36}$$

式中　n_i 和 n_{i-2}——反向跟踪过程中选择的两个节点;

$\zeta(*,*)$——两个节点之间的连接是否通过障碍物;

$\zeta(*,*) = \phi$——不通过障碍物。否则表示它通过了障碍物。

以上方程完成了路径平滑过程。

结合临界节点扩散二叉树搜索算法与基于反向搜索的路径优化算法,得到了一个完整的流程,其详细的算法流程如图 6-30 所示。这张流程图清晰地展示了从起始节点开始,如何通过扩散二叉树搜索算法找到关键节点,再利用反向搜索进行路径优化,最终找到一条从起始节点到目标节点的路径。

以图 6-31(a)中的网格图为例,可以看到原始的路径可能包含许多不必要的转向节点,这使得机器人在行驶过程中需要频繁改变方向,降低了路径的平滑度和机器人的运动效率。然而,当应用临界节点扩散二叉树搜索算法和基于反向搜索的路径优化算法后,得到的结果如图 6-31(b)所示。相较于原路径,新的路径明显减少了不必要的转弯次数,提高了路径的连贯性和平滑程度,有力地提升了机器人在执行任务时的运动性能。

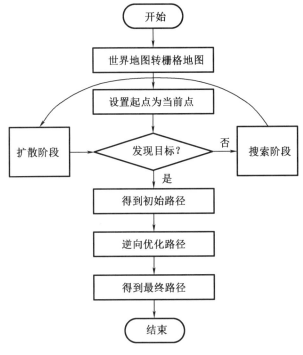

图 6-30　算法流程图

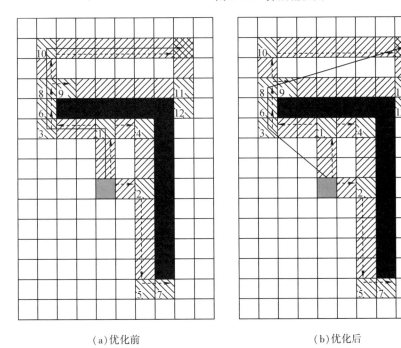

（a）优化前　　　　　　　　　　（b）优化后

图 6-31　路径二次优化　　　　　　　　图 6-31 彩色版

　　通过对比上图，可以明显看到优化算法的效果，不必要的路径转向节点被有效地消除，路径变得更加平滑，机器人从起始节点到目标节点所需的转弯节点也大大减少。这样的优化不仅提高了路径的整体平滑度，还有助于提高机器人的运动效率，使其能够更快速、更稳定地到达目的地。

但上述规划的路径没有考虑实际机器人的最大转向角度。因此提出了一种基于临界节点的二次搜索方案,该方案对上述得到的路径进行二次优化。该方案的目的是降低路径拐角角度,从而减少后续局部规划的负担。

在图 6-32(a) 中,黄色节点为临界节点,黑色节点为障碍物,灰色节点为搜索方向。规划路径如图 6-32(b) 所示。临界节点 C 的路径角较大,可能大于机器人的最大转向角。处理临界节点 C 处的规划路径角如下式所示:

$$\theta_C = \arccos\left(\frac{EC \cdot CA}{\|EC\| \cdot \|CA\|}\right) \geqslant \delta \tag{6-37}$$

式中　$\|*\|$——欧氏距离;

　　　δ——机器人的最大转向角度。

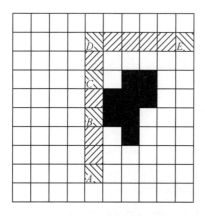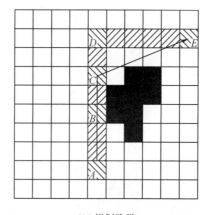

(a)临界节点搜索及扩散图　　　　　　(b)规划路径

图 6-32　路径缺陷展示　　　　　　　　图 6-32 彩色版

值得注意的是,某些类型的平面移动机器人,如差动驱动机器人和全向机器人可以在不需要最小转弯半径的情况下原地旋转。然而,为了实现整个机器人更平滑的轨迹,有必要利用前面提到的优化方法。在这种情况下,车辆的最小转弯半径可以设置为机器人的半径或车辆的长度。

在图 6-33 中,在 DE 段上搜索一个新的关键节点 O,其中 A 和 B 为处理后的临界节点 C 的前两个临界节点。处理过程如下式所示:

$$\begin{cases} \hat{\theta}_C \leqslant \delta \\ \hat{\theta}_O \leqslant \delta \end{cases} \tag{6-38}$$

式中　$\hat{\theta}_C$ 和 $\hat{\theta}_O$ 为

$$\begin{cases} \hat{\theta}_C = \arccos\left(\dfrac{AC \cdot CO}{\|AC\| \cdot \|CO\|}\right) \\ \hat{\theta}_O = \arccos\left(\dfrac{CO \cdot OE}{\|CO\| \cdot \|OE\|}\right) \end{cases} \tag{6-39}$$

式中,每个临界节点的路径角尽可能小于机器人的最大转向角,使全局路径与机器人运动保持一致。

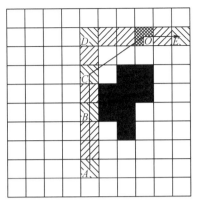

图 6-33　二次搜索结果　　　　　　　　　　图 6-33 彩色版

6.5.4　仿真试验分析

在本节中设计了四组试验,旨在全面比较和评估 CDBT 算法、A * 算法、RRT 算法以及 RRT * 算法的性能。为了确保评估结果的客观性和公正性,选用了四个关键指标:路径长度、规划时间、扩展节点数量和转折点数量。在第一组试验中,主要关注各算法的扩展节点数量。这一指标能够直接反映算法在搜索过程中的效率。通过对比各算法在同一地图上的表现,能够得出 CDBT 初步的性能评估。紧接着,第二组试验在同一地图上对比了四种算法的性能,以揭示不同算法在同一环境下的表现差异。而第三组试验则选择了不同的地图进行测试,以评估算法在不同环境下的适应性和鲁棒性。最后,在第四组试验中,将 CDBT 算法应用到了一个真实的场景中,通过在实际环境中测试 CDBT 算法的性能。

6.5.4.1　扩散点数量对比试验

首先,在一张空白的地图上明确地标定了起始点和终止点。随后运用四种不同的路径规划算法进行路径搜索,并将它们对应的扩散节点进行了可视化展示,如图 6-34 所示。

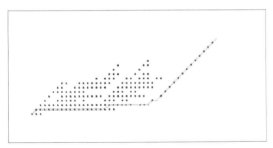
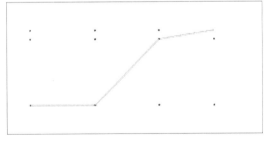

（a）A *　　　　　　　　　　　　　　　　（b）CDBT

图 6-34　扩散点数量对比

图 6-34 彩色版

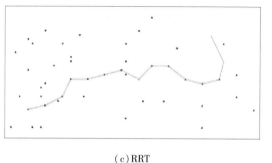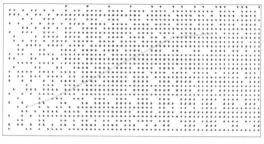

（c）RRT　　　　　　　　　　　　　　　　（d）RRT＊

图 6-34（续）

从图 6-34 和表 6-5 中，可以清晰地看到各种算法在规划路径时的节点分布情况。绿色节点代表了由不同算法规划出的实际路径，而红色节点则标示了每种算法在搜索过程中所需的扩展节点。

表 6-5　四种算法的扩散点数据

算法	A＊	CDBT	RRT	RRT＊
扩散点数量	168	12	48	1 458

观察 A＊算法的搜索结果，由于其每次只选择相邻节点进行扩散，导致所需的扩展节点数相对较高。而 RRT 算法则是通过随机抽样的方式获取扩展节点，相比 A＊算法，其节点数量有所减少。然而，RRT＊算法在得到初始路径后，还需通过连续采样进行路径优化，这导致了其在四种算法中扩展节点数最多。尽管如此，RRT＊算法生成的路径明显比 RRT 算法生成的路径更为平滑。相比之下，CDBT 算法在搜索过程中更具策略性，它选择性地挑选关键节点进行扩散，从而显著减少了所需的扩展节点数。这也是 CDBT 算法能够在规划过程中相较于其他三种算法表现出更高效率的关键所在。

6.5.4.2　同一地图下不同起终点对比试验

这里定义了同一张地图上的四个不同位置作为起点和终点，用以全面比较和评估四种算法的性能差异，如图 6-35 所示，其中黄色节点代表起点，橙色节点代表终点。A＊、RRT、RRT＊和 CDBT 算法规划的路径分别由绿色、红色、紫色和蓝色路径表示。

除了图 6-35 外，这里还准备了四种算法在四个评价指标上的详细数据，如表 6-6～表 6-9 及图 6-36～图 6-39 所示。

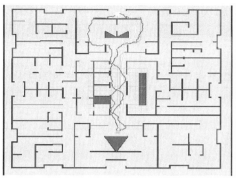

（a）试验 1

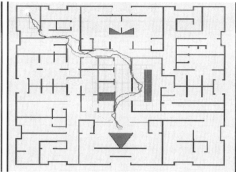

（b）试验 2

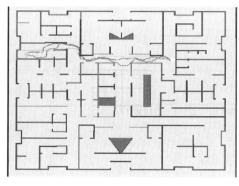

（c）试验 3

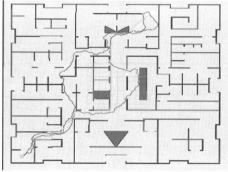

（d）试验 4

图 6-35　同一地图下不同起终点对比　　　　图 6-35 彩色版

表 6-6　同一地图下不同起终点算法 A ∗ 数据

算法名称	试验 ID	路径长度/m	扩散点数量/个	路径拐点数量/个	规划时间/ms
A ∗	（1）	31	20 926	82	805.4
A ∗	（2）	35	44 723	105	1 535.8
A ∗	（3）	26	12 142	67	898.7
A ∗	（4）	44	76 856	161	2 512.3

表 6-7　同一地图下不同起终点算法 CDBT 数据

算法名称	试验 ID	路径长度/m	扩散点数量/个	路径拐点数量/个	规划时间/ms
CDBT	（1）	33	1 004	13	9.3
CDBT	（2）	38	3 211	13	63.1
CDBT	（3）	31	278	11	3.2
CDBT	（4）	48	8 792	13	438.6

表 6-8　同一地图下不同起终点算法 RRT 数据

算法名称	试验 ID	路径长度/m	扩散点数量/个	路径拐点数量/个	规划时间/ms
RRT	（1）	39	4 679	75	245.1
RRT	（2）	45	2 252	65	56.1
RRT	（3）	34	394	82	4.1
RRT	（4）	63	6 029	165	343.4

表 6-9　同一地图下不同起终点算法 RRT∗ 数据

算法名称	试验 ID	路径长度/m	扩散点数量/个	路径拐点数量/个	规划时间/ms
RRT∗	（1）	36	19 832	70	1 690.6
RRT∗	（2）	44	24 478	79	2 392.3
RRT∗	（3）	30	25 114	43	1 611.2
RRT∗	（4）	55	32 786	96	2 824.1

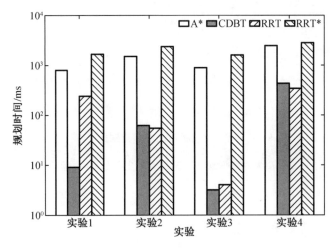

图 6-36　同一地图下不同起终点规划时间数据对比图

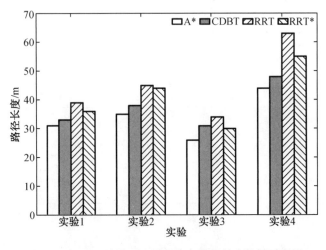

图 6-37　同一地图下不同起终点路径长度数据对比图

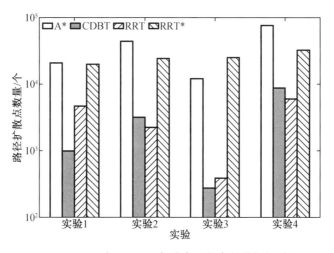

图 6-38　同一地图下不同起终点扩散点数量数据对比图

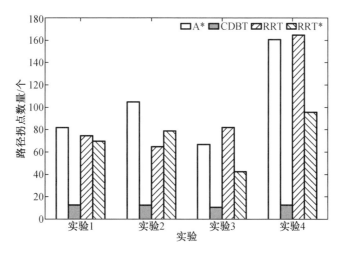

图 6-39　同一地图下不同起终点拐点数量数据对比图

从图 6-36~图 6-39 中可以得出以下结论:CDBT 算法和 RRT 算法在路径规划的时间上表现出相近的效率,均显著快于 A * 算法和 RRT * 算法。这意味着 CDBT 和 RRT 在实时或快速路径规划场景中具有明显优势。在路径长度的对比上,CDBT 算法得到的路径长度与 A * 算法相当接近,显示出其在保持路径最短性方面的优秀性能。此外,在扩展节点和转折点的数量方面,CDBT 算法同样展现出了优越性。与 A * 算法和 RRT 算法相比,CDBT 算法所需的扩展节点和转折点数量更少,这进一步证明了其在提高路径规划效率方面的有效性。

综上所述,CDBT 算法展现出了卓越的综合性能特征,它不仅承袭了 RRT 算法迅速寻找到可行路径的优点,能够在复杂的未知环境中高效地生成一条初步的导向路径,而且在此基础上还实现了更进一步的优化。值得注意的是,CDBT 算法在保证快速响应的同时,能够有效地收敛于接近最短路径的解决方案,这一点与经典的最短路径搜索算法 A * 有着异曲同工之妙,即使在面临多变和挑战性的环境下,也能维持路径长度的优化程度与 A * 算法相当。

CDBT 算法成功地集两者之长,既保留了 RRT 算法对于动态变化环境的强大适应力和快速反应特性,又兼具了 A∗ 算法追求全局最优解的严谨性和效率。这一系列显著的特性揭示了 CDBT 算法在路径规划领域内蕴含的巨大潜能和独特竞争力。

6.5.4.3 不同地图下不同起终点对比试验

为了对提出的临界点扩散二叉树算法进行评估与验证,设计了 8 种模拟环境对 A∗、RRT、RRT∗ 以及 CDBT 四种算法进行了详尽的比较。图 6-40 展示了这四种算法在 8 种环境中的对比结果。图 6-40 中,黄色节点代表初始点,橙色节点表示目标位置。A∗、RRT、RRT∗ 和 CDBT 规划的路径分别由绿色、红色、紫色和蓝色表示。

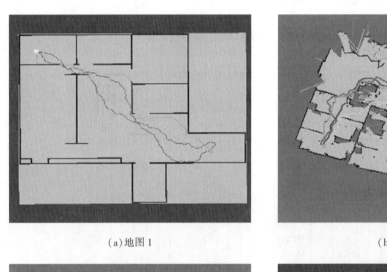

(a)地图 1

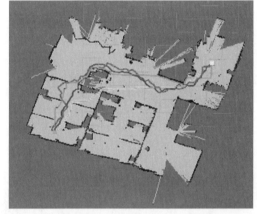

(b)地图 2

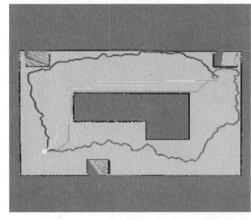

(c)地图 3

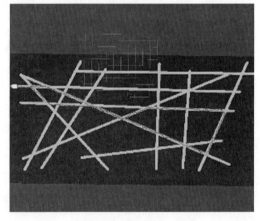

(d)地图 4

图 6-40　不同地图下不同起终点对比

图 6-40 彩色版

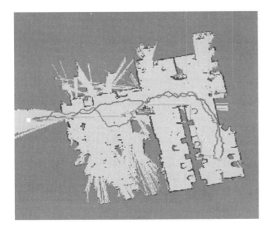

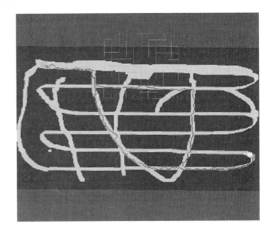

（e）地图 5　　　　　　　　　　　　　　　　　（f）地图 6

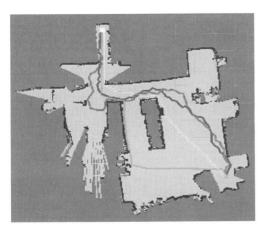

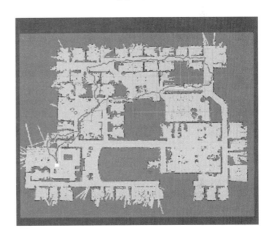

（g）地图 7　　　　　　　　　　　　　　　　　（h）地图 8

图 6-40（续）

　　从表 6-10~表 6-13 及图 6-41~图 6-44 中可以清晰地看到,四种路径规划方法均能实现全局路径规划,但 CDBT 算法在扩展节点数量上表现出了明显的优势。与其他方法相比,CDBT 所需的扩展节点明显更少,这在一定程度上验证了其高效性和优越性。

　　CDBT 算法不仅具有与 RRT 相似的快速路径规划能力,还能保持与 A＊相近的路径长度。更重要的是,CDBT 算法生成的路径转折点数量远少于 A＊算法,这对于机器人的运动来说极为有利。因为它大大减少了与机器人控制和随后的路径平滑相关的技术挑战。因此,无论是从规划效率、路径长度还是转折点数量来看,CDBT 算法都展现出了其独特的优势和潜力。

表 6-10　不同地图下不同起终点 A＊数据

算法名称	地图 ID	路径长度/m	扩散点数量	路径拐点数量	规划时间/ms
A＊	1	39	46 275	149	1 165.7
A＊	2	12	5 316	44	107.8

表 6-10(续)

算法名称	地图 ID	路径长度/m	扩散点数量	路径拐点数量	规划时间/ms
A *	3	21	13 883	77	405.0
A *	4	37	33 465	132	808.3
A *	5	14	11 371	35	683.8
A *	6	31	6 243	183	154.1
A *	7	12	4 012	36	56.5
A *	8	26	19 620	81	561.9

表 6-11 不同地图下不同起终点 CDBT 数据

算法名称	地图 ID	路径长度/m	扩散点数量	路径拐点数量	规划时间/ms
CDBT	1	46	5 451	12	110.9
CDBT	2	15	2 084	19	17.1
CDBT	3	22	6 350	22	143.9
CDBT	4	38	4 419	44	250.3
CDBT	5	14	427	5	2.3
CDBT	6	30	5 061	13	100.7
CDBT	7	13	2 364	6	22.5
CDBT	8	28	7 879	25	341.3

表 6-12 不同地图下不同起终点 RRT 数据

算法名称	地图 ID	路径长度/m	扩散点数量	路径拐点数量	规划时间/ms
RRT	1	48	5 141	97	157.5
RRT	2	17	804	37	15.0
RRT	3	27	960	62	9.8
RRT	4	48	1 167	83	20.9
RRT	5	21	1 437	54	32.8
RRT	6	43	1 650	103	47.5
RRT	7	16	387	32	10.9
RRT	8	42	2 213	85	79.7

表 6-13　不同地图下不同起终点 RRT* 数据

算法名称	地图 ID	路径长度/m	扩散点数量	路径拐点数量	规划时间/ms
RRT*	1	46	25 028	87	2 738.2
RRT*	2	16	4 032	40	387.7
RRT*	3	24	10 810	56	1 523.8
RRT*	4	45	7501	75	1 029.5
RRT*	5	19	5 284	48	550.5
RRT*	6	31	4 231	67	431.6
RRT*	7	14	2 298	23	200.7
RRT*	8	29	14 001	70	2 242.2

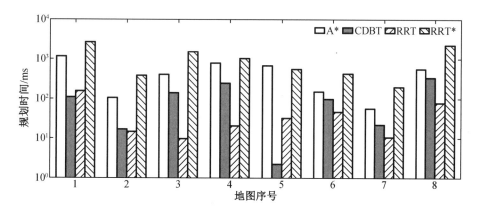

图 6-41　不同地图下不同起终点规划时间数据对比图

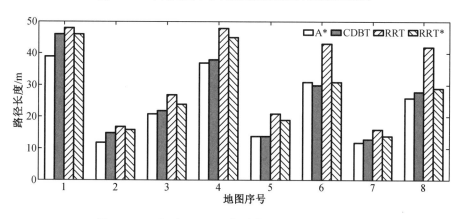

图 6-42　不同地图下不同起终点路径长度数据对比图

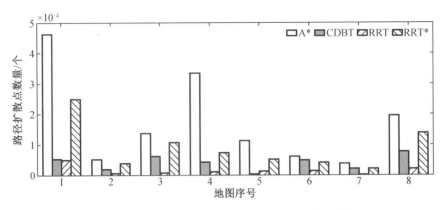

图 6-43　不同地图下不同起终点扩散点数量数据对比图

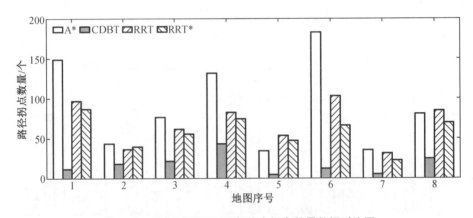

图 6-44　不同地图下不同起终点拐点数量数据对比图

6.5.4.4　实车测试试验

为了验证 CDBT 算法在实际机器人应用中的实用性和有效性,这里选择了轻舟机器人作为试验平台,并依据 CDBT 算法进行了相关试验,轻舟机器人如图 6-45 所示。轻舟机器人采用的阿克曼结构,使其最大转向半径和角度分别为 35 cm 和 45°,这一特点在狭窄空间或复杂场景中尤为重要。此外,机器人配备的激光雷达能够提供最大 10 m 的测量距离,为环境感知和路径规划提供了可靠的数据支持。

图 6-45　轻舟机器人

与 A * 和 RRT 算法类似,CDBT 算法作为一种全局路径规划方法,同样适用于静态环境的规划任务。CDBT 生成的路径仅包含位置信息,而不涉及速度、加速度等轨迹细节。这意味着 CDBT 为局部路径规划提供了一个大致的方向,而具体的运动控制还需结合其他算法来实现。在试验中,一旦确定了轻舟机器人的起点和终点,CDBT 算法便负责规划全局路径。随后,机器人根据 DWA(动态窗口法)算法进行轨迹跟踪,以确保实际行驶路径与规划路径的高度一致。为了展示 CDBT 算法在实际机器人上的表现,在室内环境下进行了试验,试验详细记录了机器人的规划路径和实际行驶路径,场景及试验结果分别如图 6-46 和图 6-47 所示。

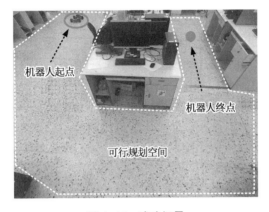

图 6-46　试验场景

图 6-46 彩色版

图 6-47　试验结果

图 6-47 彩色版

在图中橙色点代表起点,绿色点表示目标位置,蓝色虚线为 CDBT 算法规划出的全局路径,而红色实线则是轻舟机器人实际行驶的路径。通过对比可以看出,机器人的实际路径与全局规划路径高度一致,证明了 CDBT 算法在实际机器人应用中的有效性和实用性。

综合以上仿真试验和实物试验,本节提出了一种基于临界点扩散二叉树(CDBT)的机器人全局路径规划算法。该算法旨在通过一系列精心设计的步骤,确保机器人在复杂的环境中能够高效、安全地达到目标节点。明确定义了四连通节点、三连通节点、双连通节点和临界节点的概念,并为这些不同类型的节点建立了相应的数学模型。接下来提出了 CDBT 算法。该算法的核心思想是以临界节点为扩散对象,根据节点的特性和环境信息,确定不同的规划方向。通过这一策略,能够更加精准地控制路径的生成,减少不必要的搜索和计算。为了进一步提高路径的质量和效率,设计了一种基于反向搜索的路径优化算法。该算法通过剔除冗余节点,并考虑机器人的约束条件,给出最终的优化路径。这一步骤不仅有效解决了效率低、路径转向节点过多以及传统路径优化时间过长等问题,还使得机器人能够在实际应用中更加稳定、可靠地运行。值得一提的是,CDBT 算法通过扩散临界节点提高了路径优化效率,同时结合路径反向优化过程进一步提高了路径的平滑性。这一特点使得机器人在执行规划好的路径时能够更加高效、安全地到达目标节点。为了验证算法的有效性和实用性,在试验部分进行了详细的测试。试验结果表明,CDBT 算法在路径长度上仅次于 A * 算法,而在规划时间上则与 RRT 算法相近。此外,CDBT 算法在路径扩展节点数和路径转换节点数方面也表现出优越的性能。更重要的是,在轻舟机器人上进行了试验验证,结果证明了该方法的有效性和实用性。综上所述,提出的基于临界节点扩散二叉树(CDBT)的机器人全局路径规划算法,通过一系列创新性的设计和优化策略,成功解决了机器人在复杂环境中路径规划的关键问题。该算法不仅提高了路径规划的质量和效率,还为机器人在实际应用中的稳定性和可靠性提供了有力保障。

6.6　本　章　思　政

在本章中,主要介绍了机器人方面的建模实例,本节将以机器人领域典型企业为例,开展本章的思政内容。

波士顿动力公司(Boston Dynamics)是一家位于美国马萨诸塞州沃尔瑟姆市的工程和机器人设计公司,该公司成立于 1992 年,最初是由马克·雷波特(Marc Raibert)从麻省理工学院分拆出来的,波士顿动力公司以其创新和先进的机器人技术而闻名,特别是在四足和人形机器人领域。公司的主要产品包括多种机器人,例如四足机器人 BigDog、Spot、SpotMini、Handle,以及人形机器人 Atlas。这些机器人以其在复杂环境中的移动能力和先进的技术而著称。例如,BigDog 是一款由美国国防部高级研究计划局资助的四足机器人,旨在在复杂地形中为士兵提供支持,SpotMini 则是一款更轻便、安静的机器人,能够处理物体、爬楼梯,并在多种环境中运作。2013 年,该公司被谷歌的母公司 Alphabet 收购,后在 2017 年被日本软银集团收购。2020 年,韩国现代汽车公司收购了波士顿动力公司的大部分股份,成为其新的母公司。总的来说,波士顿动力公司是一个在机器人技术领域持续创新和发展的领导者,其产品和技术在工业、军事和科研等多个领域都有广泛应用,其产品如图 6-48 所示。

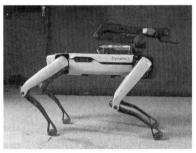

图 6-48　波士顿动力公司的产品

我国机器人产品与波士顿动力公司产品相比,存在巨大的差距,其技术发展对中国科技产业,特别是机器人产业,提供了重要的启示和影响。从液压驱动技术转向电驱动技术,这一转变为人形机器人行业带来了重大的技术方向和路径的改变,对国内科技企业涉足人形机器人领域提供了重要参考。同时波士顿动力公司的发展强调了专用材料、核心元器件、加工工艺、操作系统、控制软件和核心算法等软硬件技术的重要性,中国机器人产业的发展也需要关注这些基础技术的研发和突破。波士顿动力的技术发展显示了新一代信息技术、生物技术、新能源、新材料等新兴技术与机器人技术的深度融合,这种融合推动了机器人产业的升级换代和跨越式发展。总之,波士顿动力公司的产品和技术发展为中国机器人产业提供了宝贵的经验和启示,特别是在技术创新、商业化应用和应用场景拓展方面,中国厂商在发展自己的机器人技术时,可以借鉴波士顿动力的经验,同时结合自身国情和市场需求,进行创新和优化。

6.7　本 章 小 结

在设计、优化和管理复杂系统时,使用模型来开展辅助决策的制定过程具有重要的意义,在复杂网络拓扑设计、复杂系统任务规划等方面影响较大。本章首先介绍遗传算法、动态规划算法、D * 算法等常用的规划算法,分别以船舶和机器人为对象,基于以上算法介绍船舶航线规划建模实例、船舶航速规划建模实例、机械臂规划建模实例,以此更为清晰地介绍复杂系统规划建模技术。

第7章　复杂系统混合建模技术与实例

7.1　引　　言

复杂系统混合建模方法是一种将多种建模方法结合在一起的技术,用于模拟难以用单一方法描述的系统。复杂系统通常具有多尺度、多变量、非线性、不确定性和演化性等特点,仅仅依靠单一的建模方法无法满足对较为复杂的系统的建模任务,往往需要多种建模方法的混合使用,为此复杂系统混合建模方法应运而生,并在各个领域应用广泛,如生态学、经济学、交通系统、社会系统等。在实际应用中,应根据具体情况灵活选择和组合不同的建模方法。

7.2　混合建模方法基本原理

实施复杂系统混合建模的一般步骤如下:明确研究目标和系统的边界,根据系统的特点选择合适的建模方法,建立各个子模型并定义它们之间的交互,通过试验数据或历史数据验证模型的准确性,运行模型来分析系统的行为,解释仿真结果以提取有用的信息,根据结果反馈调整模型结构和参数。

对于复杂系统,由于采用前述任何一种单一的建模方法往往都难以奏效,故而产生了针对同一复杂系统建模任务同时采用两种或多种建模方法的思想,这里把利用两种或两种以上单一建模方法、相互补充、相互支持和相互协调达到同一个系统建模目标的系统建模方法叫作混合建模方法。这种建模方法产生的不是叠加效果,而是更好、更高的系统建模质量和效率。在混合建模思想下,复杂系统各领域曾出现了许多行之有效的混合建模方法与技术,如飞行器控制系统所采用的机理分析法与系统辨识法相结合的分析-统计法与技术,具有不确定性复杂系统所采用的模糊集论法与系统辨识法相结合的模糊辨识法与技术,复杂随机系统所采用的模糊集论、神经网络与系统辨识法三者相结合的基于模糊神经网络的辨识法与技术等。

7.3　六自由度机械臂最佳舒适度逆解建模应用实例

7.3.1　六自由度机械臂运动学分析

六自由度机械臂运动学分析是机器人技术中的一项核心研究内容,它主要关注机械臂在空间中的运动状态与规律。具体来说,六自由度指的是机械臂末端执行器(如手爪、工具等)在空间中可以沿三个正交轴(X、Y、Z)进行平移运动以及绕这三个轴进行旋转运动。通过精确控制这六个自由度,机械臂可以完成复杂的空间作业任务。

六自由度机械臂运动学分析的主要概念包括正向运动学和逆向运动学。正向运动学是给定机械臂各关节的角度,计算末端执行器的位置和姿态。而逆向运动学则是根据期望的末端执行器位置和姿态,求解所需的关节角度。这两种运动学分析方法共同构成了机械臂运动学的基础。

7.3.1.1　机械臂参数描述

在深入研究六自由度机械臂的运动特性时,通常会采用 D-H 法(denavit-hartenberg convention)或闭环矢量法来进行精确的分析计算。本书中选定了 D-H 法作为主要研究手段。D-H 法是一种被广泛应用的机器人运动学建模方法,其核心在于通过一系列的标准参数来描述机器人的连杆和关节特性。进行机器人设计时,只要确定了连杆偏距 d 和关节角 θ,连杆的连接方式就完全确定。图 7-1 中展示的是相邻连杆间的关系。

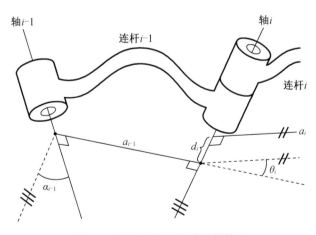

图 7-1　相邻连杆之间的连接关系

图 7-1 给出了相邻连杆 $i-1$、连杆 i 的连接关系。其中,连杆偏距用参数 d_i 描述,它表示两个相邻连杆在公共轴线方向的距离;关节夹角用参数 θ_i 描述,它表示连杆 i 绕着公共的轴线旋转到连杆 $i-1$ 经过的角度;连杆长度用参数 a_{i-1} 描述,表示相邻两个关节轴之间的公垂线;连杆扭角用参数 α_{i-1} 描述,表示两相邻连杆绕公垂线旋转过的角度,它表示连杆 $i-1$ 的扭角。

7.3.1.2 正运动学模型分析

六自由度机械臂的正运动学模型是机器人学中的核心组成部分,它致力于探究如何从已知的关节角度精确地计算出机械臂末端执行器的具体位置和姿态。在 D-H 法的框架下,每个连杆和关节都被赋予了一组特定的参数,这些参数包括连杆长度、连杆扭角、关节偏角和关节转角。这些参数在建立相邻连杆之间的变换矩阵中起到了至关重要的作用,通过这些变换矩阵,能够描述机械臂的整体运动学关系。在本书设计了一款六自由度机械臂如图 7-2 所示。

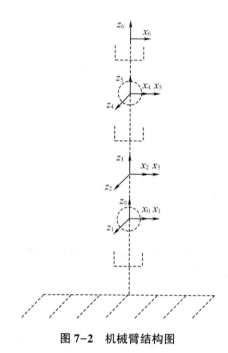

图 7-2 机械臂结构图

在六自由度机械臂的设计中,关节 4、5、6 共同构成了典型的球腕关节结构,使其能够在三维空间中实现几乎任意的姿态调整。表 7-1 给出该机械臂的 D-H 参数。

表 7-1 机械臂 D-H 参数

关节	a_{i-1}	α_{i-1}	d_i	θ_i
1	0	$\pi/2$	0	θ_1
2	0	0	L_2	θ_2
3	0	$-\pi/2$	0	θ_3
4	0	$\pi/2$	L_4	θ_4
5	0	$-\pi/2$	0	θ_5
6	0	0	L_6	θ_6

通过将每个关节的平移和旋转矩阵按照顺序相乘,可以得到相邻两坐标系间的齐次变换矩阵如下:

$$
\begin{aligned}
{}_{i}^{i-1}\boldsymbol{T} &= \boldsymbol{R}_X(\alpha_{i-1})\boldsymbol{D}_X(a_{i-1})\boldsymbol{R}_Z(\theta_i)\boldsymbol{D}_Z(d_i) \\
&= \begin{bmatrix}
\cos\theta_i & -\sin\theta_i & 0 & a_{i-1} \\
\sin\theta_i\cos\alpha_{i-1} & \cos\theta_i\cos\alpha_{i-1} & -\sin\alpha_{i-1} & -\sin\alpha_{i-1}d_i \\
\sin\theta_i\sin\alpha_{i-1} & \cos\theta_i\sin\alpha_{i-1} & \cos\alpha_{i-1} & \cos\alpha_{i-1}d_i \\
0 & 0 & 0 & 1
\end{bmatrix}
\end{aligned}
\tag{7-1}
$$

式中,齐次变换矩阵是一个 4×4 的矩阵,它包含了平移和旋转的所有信息,能够实现从一个坐标系到另一个坐标系的完整变换。

$$
\begin{cases}
{}_{1}^{0}\boldsymbol{T} = \begin{bmatrix}
\cos\theta_1 & -\sin\theta_1 & 0 & 0 \\
0 & 0 & -1 & 0 \\
\sin\theta_1 & \cos\theta_1 & 0 & 0 \\
0 & 0 & 0 & 1
\end{bmatrix}
&
{}_{2}^{1}\boldsymbol{T} = \begin{bmatrix}
\cos\theta_2 & -\sin\theta_2 & 0 & 0 \\
\sin\theta_2 & \cos\theta_2 & 0 & 0 \\
0 & 0 & 1 & L_2 \\
0 & 0 & 0 & 1
\end{bmatrix} \\[2em]
{}_{3}^{2}\boldsymbol{T} = \begin{bmatrix}
\cos\theta_3 & -\sin\theta_3 & 0 & 0 \\
0 & 0 & 1 & 0 \\
-\sin\theta_3 & -\cos\theta_3 & 0 & 0 \\
0 & 0 & 0 & 1
\end{bmatrix}
&
{}_{4}^{3}\boldsymbol{T} = \begin{bmatrix}
\cos\theta_4 & -\sin\theta_4 & 0 & 0 \\
0 & 0 & -1 & -L_4 \\
\sin\theta_4 & \cos\theta_4 & 0 & 0 \\
0 & 0 & 0 & 1
\end{bmatrix} \\[2em]
{}_{5}^{4}\boldsymbol{T} = \begin{bmatrix}
\cos\theta_5 & -\sin\theta_5 & 0 & 0 \\
0 & 0 & 1 & 0 \\
-\sin\theta_5 & -\cos\theta_5 & 0 & 0 \\
0 & 0 & 0 & 1
\end{bmatrix}
&
{}_{6}^{5}\boldsymbol{T} = \begin{bmatrix}
\cos\theta_6 & -\sin\theta_6 & 0 & 0 \\
\sin\theta_6 & \cos\theta_6 & 0 & 0 \\
0 & 0 & 1 & L_6 \\
0 & 0 & 0 & 1
\end{bmatrix}
\end{cases}
\tag{7-2}
$$

式中, ${}_{i}^{i-1}\boldsymbol{T}$ 为相邻关节的齐次变换矩阵。

该机械臂从基座到末端执行器的变换矩阵如下:

$$
{}_{T}^{0}\boldsymbol{T} = {}_{1}^{0}\boldsymbol{T}{}_{2}^{1}\boldsymbol{T}{}_{3}^{2}\boldsymbol{T}{}_{4}^{3}\boldsymbol{T}{}_{5}^{4}\boldsymbol{T}{}_{6}^{5}\boldsymbol{T}{}_{T}^{6}\boldsymbol{T} = \begin{bmatrix}
n_x & o_x & a_x & p_x \\
n_y & o_y & a_y & p_y \\
n_z & o_z & a_z & p_z \\
0 & 0 & 0 & 1
\end{bmatrix}
\tag{7-3}
$$

7.3.1.3　逆运动学模型分析

逆运动学求解是机械臂控制中的重要问题,对于实现机械臂的精准控制、路径规划和避障等任务具有重要意义。逆运动学求解的难点在于,机械臂的关节之间存在复杂的运动学关系,不同关节的运动会相互影响。常见的求解方法有以下几种。

1. 几何法求解

几何方法是逆运动学求解的一种常用方法,通过利用几何关系和三角学知识,直接计算出各个关节的位置和角度。

2. 迭代法求解

迭代法是另一种常用的逆运动学求解方法,通过不断迭代逼近的方式,逐步优化关节的位置和角度,直到满足末端执行器的位置和姿态要求为止。

3. 数值法求解

数值计算方法通常包括数值逼近、插值和数值优化等技术,通过数值计算来近似求解逆运动学问题。优化算法则是通过优化目标函数,寻找最优的关节位置和角度,以实现末端执行器的位置和姿态控制。

这里采用几何法对六自由度机械臂逆解进行求解。这种方法将基于几何原理和机械臂的结构特点,通过一系列变换和计算,最终得到机械臂的逆解。定义 $O_i(i=1,2,3,4,5,6)$ 为各关节中心点,O_0 为机械臂基座中心点,$L_{n-m}(n=0,1,2,3,4,5;m=1,2,3,4,5,6)$ 为两个相邻关节 n 和 m 的长度,$\theta_i(i=1,2,3,4,5,6)$ 为求得的各关节角度,$_0^6P$ 为机械臂末端相对于基座的三维坐标,$_0^6R$ 为机械臂末端相对于基座的旋转矩阵。这里使用几何法求解逆解步骤如下:

(1)求 O_5 坐标。

$$_0^5P = _0^6P - L_{5-6}\frac{V}{\|V\|} \tag{7-4}$$

式中　向量 $V = [r_{13} \quad r_{23} \quad r_{33}]$——机械臂末端 z 轴向量;

　　　$\|V\|$——向量模长;

　　　$_0^5P$——关节 O_5 的坐标。

(2)求 θ_1。

$$\theta_1 = a\tan 2(y_5, x_5) \tag{7-5}$$

式中　(x_5, y_5, z_5)——关节 O_5 在基座坐标系下的坐标 $_0^5P$。

(3)关节 O_2、O_3 和 O_5 在平面 XZ 上构建平面三角形。

$$\begin{cases} T_1 = L_{2-3} \\ T_2 = L_{3-4} + L_{4-5} \\ T_3 = \|_1^5P - _1^1P\| \end{cases} \tag{7-6}$$

式中　$T_i(i=1,2,3)$——三角形三条边的长度。

(4)求解 θ_3。

$$\theta_3 = \| \pi - a\cos 2(\frac{T_1T_1 + T_2T_2 - T_3T_3}{2T_1T_2}) \| \tag{7-7}$$

(5)求解 θ_2。

$$\theta_2 = \frac{\pi}{2} - a\tan 2(z_{T_3}, x_{T_3}) - a\cos 2(\frac{T_1T_1 + T_3T_3 - T_2T_2}{2T_1T_3}) \tag{7-8}$$

式中　$(x_{T_3}, y_{T_3}, z_{T_3})$——向量$(_1^5P - _1^1P)$的坐标。

(6)求解 θ_4。

$$\theta_4 = a\tan 2(y_5, x_5) \tag{7-9}$$

式中　(x_5, y_5, z_5)——关节 O_5 在关节 O_3 下的坐标 $_3^5P$。

（7）关节 O_6、O_3 和 O_5 在平面 XZ 上构建平面三角形。

$$\begin{cases} T'_1 = L_{3-4} + L_{4-5} \\ T'_2 = L_{5-6} \\ T'_3 = \parallel {}^6_0P - {}^3_0P \parallel \end{cases} \tag{7-10}$$

式中　$T_i'(i=1,2,3)$——三角形三条边的长度。

（8）求解 θ_5。

$$\theta_5 = \pi - a\cos 2\left(\frac{T'_1 T'_1 + T'_2 T'_2 - T'_3 T'_3}{2T'_1 T'_2}\right) \tag{7-11}$$

（9）求解 θ_6。

$$\theta_6 = a\tan 2(y', x') \tag{7-12}$$

式中　坐标(x',y',z')——向量$[r_{11}+p_1 \quad r_{21}+p_2 \quad r_{31}+p_3]$在机械臂关节 O_6 坐标系下的表示；

其中(p_1,p_2,p_3)——机械臂末端相对于基座的坐标${}^6_0P$。

（10）多解求解

该六自由度机械手可能存在8组解，通过以下方法可以轻松获取其余7组解：首先，将 $\theta_1 = \theta_1 + \pi$ 代入，后续计算方式不变，即可得到机械臂整体对称的另一组解；接着，将 $\theta_3 = -\theta_3$ 代入后续步骤，可得到另一组解；最后将 $\theta_4 = \theta_4 + \pi$ 代入，并确保 $\theta_5 = -\theta_5$，可得到最后一组解。通过以上步骤，可以得到8组解，形成该六自由度机械臂逆解的多种排列组合。

7.3.2　基于遗传算法的移动机械臂最佳舒适度逆解

基于遗传算法的移动机械臂最佳舒适度求解是一种优化方法，它结合了遗传算法的全局搜索能力与机械臂逆运动学求解的需求。

7.3.2.1　舒适度介绍

这里引入了移动机械臂操作过程中的"舒适度"概念，将其作为衡量机械臂在执行任务时所处工作姿态优劣的评价维度。针对移动机械臂在抓取、搬运等过程中可能产生的多种复杂工作姿态，其中某些姿态可能导致机械臂与周围环境发生物理碰撞，或是使其关节接近乃至触及设计的运动限位边界，这类姿态被视为不理想甚至危险的。因此，构建了一套舒适度评估体系，用以甄别并排除这类不适合作业的姿态。

首先，设定了"环境友好度"这一指标，它是评价移动机械臂在执行任务时是否与环境正确交互的核心要素。若机械臂在运动过程中出现碰撞现象，则不仅标志着任务执行的失败，还可能直接造成机械臂本身的硬件损伤，或对作业环境产生破坏性影响。故在制定舒适度标准时，充分整合了环境因素，以确保机械臂在任何动作中都能够安全地避开障碍物，实现与环境的有效交互。

其次，强调了"关节健康度"这一重要指标，用于评估机械臂关节在其活动范围内是否处于合理和安全的位置。长时间处于关节限位状态的操作不仅会加快机械臂各部位的磨损速率，缩短其使用寿命，而且极端情况下可能导致限位保护机制失效，诱发不可预见的故障和安全事故。因此，关节限位距离内的情况被纳入舒适度评价框架，旨在引导机械臂维持健康的关节使用状态。

最后,提出了"底座布局适宜度"这一考量维度,这对于移动机械臂的整体姿态合理性同样具有决定性意义。合理的底座位置不仅能有效利用工作空间,减少对场地资源的占用,还可避免因底座位置不当导致机械臂的逆向解算困难或失败问题,进而提升机械臂整体任务执行的流畅性和稳定性。

7.3.2.2 遗传算法适应度函数设计

遗传算法模拟了生物进化过程中的自然选择、遗传和变异,以此为基础,通过迭代的方式逐步逼近问题的最优解。遗传算法的广泛应用并非因为其专门针对某一类特定问题,而是由于其优化的目标与问题的复杂性无关,而仅仅与预设的评价指标紧密相关。这种特性使得遗传算法具有高度的通用性和灵活性,无论面对的是简单还是复杂的问题,它都能通过模拟自然进化过程,逐步找到问题的最优解。

在设计基于遗传算法的移动机械臂最佳舒适度逆解问题的适应度函数时,还要特别警惕局部最优解的问题。为了避免陷入局部最优解,可能需要在适应度函数中加入一些随机性或扰动,以增加算法探索全局解空间的能力。一个具有良好可解释性的适应度函数可以更好地提升算法的行为和性能,从而更容易进行调试改进。而鲁棒性则意味着适应度函数能够应对各种不确定性因素,如噪声、干扰等,从而保持算法的稳定性和可靠性。

这里设计的移动机械臂共有 9 个自由度,其中机械臂部分共有 6 个自由度,底座部分有 3 个自由度,采用加权系数法构建遗传算法的适应度函数。

寻找可行解 $P = P^*$,使得 $F(P)$ 最大。其中 $F(P)$ 为

$$F(P) = \omega_1 f_1(P) + \omega_2 f_2(P) + \omega_3 f_3(P) + \omega_4 f_4(P) \tag{7-13}$$

式中 $\omega_i (i = 1, 2, 3, 4)$——各项指标对应的权重系数;

$\boldsymbol{P} = [p_1, p_2, \cdots, p_9]^{\mathrm{T}}$——解向量,每一个 $\boldsymbol{P}$ 都代表着一组解,其中,$p_i (i = 1, 2, 3)$ 为移动机械臂基座的三个自由度;

$p_i (i = 4, 5, 6, 7, 8, 9)$——移动机械臂的六个关节转角组成的 6 维矢量;

P^*——遗传算法最终所求得的最优解;

$F(P)$——适应度函数,由多个子目标组合而成;

$f_1(P)$——各变量限位;

$f_2(P)$——移动机械臂安全范围;

$f_3(P)$——机械臂各关节优化代价;

$f_4(P)$——底座位置优化代价。

(1)各变量限位 $f_1(P)$:底座位置与机械臂各关节角度不能超过各变量的限定值。超过限定值后的适应度为 $-1\,000$,反之为 0。

$$f_1 = \begin{cases} 0, & X_{\min} \leqslant X \leqslant X_{\max} \\ -1\,000, & \text{other} \end{cases} \tag{7-14}$$

式中,$X_* = [x, y, t, \theta_1, \theta_2, \theta_3, \theta_4, \theta_5, \theta_6]$。

x, y, t 为底座的三个自由度,$\theta_i (i = 1, 2, 3, 4, 5, 6)$ 为机械臂的六个关节角度。移动机械

臂底座坐标范围如下：

$$\begin{cases} x_g-0.5 \leqslant x \leqslant x_g+0.5 \\ y_g \leqslant y \leqslant y_g+0.5 \\ -180° \leqslant t \leqslant 180° \end{cases} \tag{7-15}$$

式中，(x_g, y_g)——待抓取物体坐标。

机械臂部分各关节范围如下：

$$\begin{cases} -180° \leqslant \theta_1 \leqslant 180° \\ 0° \leqslant \theta_2 \leqslant 120° \\ 0° \leqslant \theta_3 \leqslant 120° \\ -180° \leqslant \theta_4 \leqslant 180° \\ 0° \leqslant \theta_5 \leqslant 120° \\ -180° \leqslant \theta_6 \leqslant 180° \end{cases} \tag{7-16}$$

式中，$\theta_i(1 \leqslant i \leqslant 6)$ 为各关节角度。

（2）移动机械臂安全范围 $f_2(P)$：移动机械臂不能与环境发生碰撞。发生碰撞后适应度为 -1000，反之为 0。

$$f_2 = \begin{cases} -1\,000, & \text{if collision} \\ 0, & \text{other} \end{cases} \tag{7-17}$$

式中，collision——碰撞。

（3）机械臂各关节优化代价 $f_3(P)$：关节角度越接近关节角度限制，适应度越小，反之越大。

$$f_3 = \sum_{i=1}^{6} \left[-\frac{1}{6}(\theta_{max} - \theta_{min}) \left[\theta - \frac{1}{2}(\theta_{max} + \theta_{min}) \right]^2 + 100 \right) \tag{7-18}$$

式中，θ_{max}、θ_{min} 为各关节角度的最大、最小值。

（4）底座位置优化代价 $f_4(P)$：底座位置越靠近末端执行器，适应度越大。

$$f_4 = 100 - (x - x_g)^2 - (y - y_g)^2 \tag{7-19}$$

式中，(x_g, y_g) 为目标物体的坐标。

7.3.2.3 遗传算法待优化变量编码设计

在遗传算法的编码设计中，二进制编码被广泛采用，这主要得益于二进制编码的稳定性高、种群多样性大，以及便于实现交叉和变异等特点。传统的六自由度机械臂几何逆解方法为本书提供了一种求解机械臂关节角度的方法，但它并不能直接应用于移动机械臂，因为移动机械臂的底座位置是不确定的。因此，结合移动机械臂的特点，构建出以下适用的遗传算法待优化变量：

$$X = [x, y, t, n] \tag{7-20}$$

式中，将底座的三个自由度 $[x, y, t]$ 作为遗传算法的优化变量之一。这三个自由度共同决定了机械臂的初始位置，对机械臂的逆解具有重要影响。同时还引入了 $n(1 \leqslant n \leqslant 8)$ 作为另一个优化变量，它代表在给定底座位置下可能存在的八组逆解之一。

在求解过程中不需要对每一个关节角度进行单独的编码设计。这是因为,当底座位置被唯一确定后,可以利用几何逆解方法直接计算出对应的八组关节角度。这样遗传算法的任务就变为从这些八组逆解中选择出最优的一组,而不是去搜索整个关节角度空间。基于遗传算法的移动机械臂最佳舒适度逆解的算法流程图如图7-3所示。

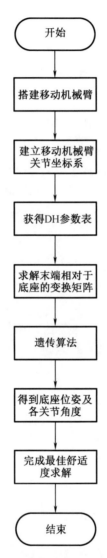

图7-3 移动机械臂最佳舒适度逆解算法流程图

7.3.3 仿真试验验证

7.3.3.1 几何逆解试验

接下来将对六自由度机械臂的几何法逆解进行验证。为了验证几何法求解的正确性,将从正运动学和逆运动学两个角度出发,对比和分析求解结果的准确性。首先设置该六自由度机械臂的六个关节角度为(11°,22°,33°,44°,55°,66°),由正运动学可得到机械臂末端

位置 (x,y,z) 为 $(0.947\,742, 0.329\,143, 1.1974\,7)$，姿态 (α,β,γ) 为 $(134.424, -11.026\,5, 99.008\,7)$。通过几何法求解，可得到表 7-2 所示的八组逆解结果。

表 7-2　八组逆解结果

解序号	$\theta_1/(°)$	$\theta_2/(°)$	$\theta_3/(°)$	$\theta_4/(°)$	$\theta_5/(°)$	$\theta_6/(°)$
1	11	22	33	44	55	66
2	11	22	33	-136	-55	-114
3	11	50.153 8	-33	34.849 5	84.755 8	91.340 4
4	11	50.153 8	-33	-145.151	-84.755 8	-88.659 6
5	-169	-50.153 8	33	-145.151	84.755 8	91.340 4
6	-169	-50.153 8	33	34.849 5	-84.755 8	-88.659 6
7	-169	-22	-33	-136	55	66
8	-169	-22	-33	44	-55	-114

从上述的试验数据中可以清晰地看到，使用几何法求解六自由度机械臂的逆解是完全可行的，并且能够得到八组正确的逆解结果。

7.3.3.2　最佳舒适度逆解试验

设置遗传算法的种群数量为 50，交叉概率为 0.3，变异概率为 0.1，迭代次数为 20 次。可得最终结果和适应度变化曲线分别如图 7-4 和图 7-5 所示。

   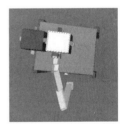

（a）左视图　　　　　（b）右视图　　　　　（c）正视图　　　　　（d）俯视图

图 7-4　最佳舒适度逆解结果

在经过仅仅 20 次的迭代过程后，从图中可以明确地观察到，算法成功地找到了一个最佳的抓取角度。这一结果充分展示了所研究的最佳舒适度逆解算法的高效性和实用性。仅通过有限的迭代次数就能达到理想的抓取效果，这不仅证明了算法本身的优秀性能，还意味着在实际应用中，机械臂可以在极短的时间内做出响应，迅速调整到最佳的抓取姿态。这对于提高机械臂的工作效率，特别是在需要快速响应和精准操作的场景中，具有极其重要的意义。

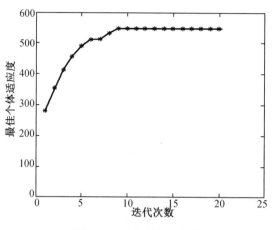

图 7-5　适应度变化曲线

综上,本书提出了一种创新性的移动机械臂最佳舒适度逆解方法,该技术巧妙地结合了遗传算法与数值解法,为移动机械臂在多变环境中的抓取任务提供了一种高效且精确的解决方案。通过此种结合,移动机械臂得以在广泛的操作范围内快速寻找到一个最优的抓取方案,从而顺利执行抓取任务。传统的移动机械臂逆解算法往往面临求解时间长、计算成本高昂以及逆解姿态不合理等挑战。然而,所提出的技术克服了这些难题,通过遗传算法的全局搜索能力和数值解法的精确性,实现了快速且准确的逆解求解。遗传算法在此技术中扮演着关键角色,它通过模拟自然选择和遗传学机制,在解空间中高效地搜索最优解。数值解法则提供了精确的关节角度计算,确保了移动机械臂在执行抓取任务时的稳定性和精确性。通过与遗传算法的结合,数值解法得以在更短的时间内找到合理的逆解姿态,从而提高了整体算法的效率,本书所提出的基于遗传算法和数值解法的移动机械臂最佳舒适度逆解技术,具有求解速度快、计算成本低以及逆解姿态合理等显著优势。

7.4　本章思政

本章主要介绍了复杂系统混合建模方法,并以机器人为例介绍了混合建模方法的应用实例,本节将以机器人领域典型企业"大疆创新"为例,开展本章的思政内容。

大疆创新是深圳市大疆创新科技有限公司旗下的无人机品牌,创立于 2006 年。2019年大疆创新入选"2019 福布斯中国最具创新力企业榜",同年 12 月,入选 2019 中国品牌强国盛典榜样 100 品牌。2020 年 12 月,美国商务部以"保护美国国家安全"为由,将中国无人机厂商大疆列入所谓实体清单,对该公司对美进出口进行管制。对于美方的无理制裁,大疆回应称将继续在美国销售,美国的客户可以继续购买和使用大疆的产品。2024 年 6 月,大疆 FC30 珠峰实测 6 000 米稳载 15 公斤,创造了民用无人机最高运输记录。

大疆无人机有 80% 的芯片都是从国外进口的,更为关键的是,电池、噪音控制以及无线电等核心都是采用美芯巨头的芯片。芯片技术始终是中国科技领域相对薄弱的技术,过去,中国在半导体领域很大程度上依赖进口,特别是在高端芯片领域。但是近年来,中国在芯片技术和半导体产业上取得了显著的进步,尤其是中国越来越重视集成电路产业的发展,出台了一系列政策支持芯片设计和制造,比如《国家集成电路产业发展推进纲要》和"中国制造 2025"计划,这些政策旨在促进技术创新、加强产业链上下游的整合,以及推动国内外资源的共享合作。在芯片设计、制造工艺等方面,中国的企业和技术机构已经取得了一系列突破,正在逐步建立较为完善的半导体产业链,从设计、制造、封装测试到设备材料。同时在政策的鼓励下,大量的社会资本和政府资金投入到芯片产业,促进了芯片产业的快速发展,因此大疆掌握了两项核心技术,其一是旋翼芯片技术,其二是高鲁棒性飞行控制系统。

值得一提的是,大疆创新的创始人汪滔的经历也较为励志。高中毕业后,汪滔考上了华东师范大学,为了实现梦想,他大三时从华东师范大学退学,进入香港科技大学读电子及计算机工程学系,香港科技大学机器人技术教授李泽湘发现了汪滔的领导才能以及对技术的理解能力,在其引荐下,汪滔攻读研究生。2006 年,汪滔在导师支持下,筹集到 200 万元港币在深圳市成立了大疆创新公司,在努力之后大疆第一款较为成熟的直升机飞行控制系统 XP3.1 面市。大疆创新公司从 2011 年开始不断推出多旋翼控制系统及地面站系统、多旋翼控制器、多旋翼飞行器、高精工业云台、轻型多轴飞行器以及众多飞行控制模块。2011—2015 年,大疆创新销售额增长近 100 倍。全球消费级无人机市场中,大疆的产品占据了 7 成,汪滔和他的公司在短短十年内在消费级无人机领域充当着领跑者。

从汪滔的励志经历可以看出,当今社会已不能仅仅以学术成绩来衡量一个人的能力和潜力,有时非凡的才华、决策能力,创业精神和实践能力也是非常宝贵的。汪滔的成功也给现在的学生们提供了很好的启示:只要有梦想和勇气,就可以在自己的领域里取得成功,同时也要注重自己的素质和能力的提升,不断学习和进步,才能在激烈的竞争中立于不败之地,尤其是应该勇于创新、敢于挑战自我、不断追求卓越,让自己成为未来的领袖和创业者。

7.5　本章小结

复杂系统混合建模方法是利用各类合适的方法来构建复杂系统模型的常用技术手段,由于混合建模方法涉及的方法多种多样,本章将复杂系统混合建模原理与典型建模实例综合介绍,包括复杂系统混合建模的基本流程、应用实例、方法优势等,可为实际应用提供有效支持。然而,混合建模技术仍面临诸多挑战,如模型结构选择、参数优化、计算效率等。

参 考 文 献

[1] 刘兴堂, 梁炳成, 刘力等. 复杂系统建模理论、方法与技术[M]. 北京:科学出版社. 2020.

[2] 李侠, 董鹏曙, 金加根. 复杂系统建模与仿真[M]. 北京:国防工业出版社. 2021.

[3] 方美琪, 张树人. 复杂系统建模与仿真[M]. 2版. 北京:中国人民大学出版社. 2011.

[4] 向馗. 数据驱动的复杂动态系统建模[M]. 北京:国防工业出版社. 2013.

[5] 赵雪岩, 等. 系统建模与仿真[M]. 北京:国防工业出版社. 2015.

[6] 彭丹华, 李廷鹏, 汪亚(译). 复杂系统工程建模与仿真:研究与挑战[M]. 北京:国防工业出版社, 2023.